T0220593

Das Unendliche

Rudolf Taschner

Das Unendliche

Mathematiker ringen um einen Begriff

3. Auflage

 Springer Gabler

Rudolf Taschner
TU Wien Inst. Analysis u. Technische Mathematik
Wien, Österreich

ISBN 978-3-662-64543-7   ISBN 978-3-662-64544-4 (eBook)
https://doi.org/10.1007/978-3-662-64544-4

Die Deutsche Nationalbibliothek verzeichnet diese Publikation in der Deutschen Nationalbibliografie; detaillierte bibliografische Daten sind im Internet über http://dnb.d-nb.de abrufbar.

Springer Gabler

Lektorat/Planung: Carina Reibold
Springer Gabler ist ein Imprint der eingetragenen Gesellschaft Springer-Verlag GmbH, DE und ist ein Teil von Springer Nature.
Die Anschrift der Gesellschaft ist: Heidelberger Platz 3, 14197 Berlin, Germany

Vorwort

„Das Unendliche hat wie keine andere Frage von jeher so tief das Gemüt der Menschen bewegt; das Unendliche hat wie kaum eine andere Idee auf den Verstand so anregend und fruchtbar gewirkt; das Unendliche ist aber auch wie kein anderer Begriff so der Aufklärung bedürftig."

Kein Theologe, kein Philosoph, sondern ein Mathematiker, David Hilbert, hat dies geschrieben. Theologen predigen das Unendliche als Eigenschaft Gottes und der Ewigkeit, aber unseren Erkenntnisdrang vermögen sie damit nicht zu stillen. Philosophen ergehen sich in phantastischen Spekulationen über das Unendliche, aber Definitives ist von ihnen nicht zu erfahren. Die *Mathematik* hingegen beansprucht, die wahre *Wissenschaft vom Unendlichen zu* sein, und alles, was wir darüber wissen können, verdanken wir dem Gedankenreichtum der Mathematiker.

Dieses Buch will von ihrem Bemühen um das Unendliche berichten.

Es ist kein Buch über die Geschichte der Mathematik, obwohl aus dem Leben mancher Mathematiker erzählt wird, um den abstrakten Gegenstand in einen lebendigen Bezug zu stellen. Manche bedeutende Forscher wie Euler oder Gauß werden aber bloß erwähnt, viele wie Fermat oder Riemann nicht einmal zitiert. Das Buch erhebt keinerlei Anspruch auf Vollständigkeit, es will allein Aspekte der Mathematik aufzeigen, die mir im Zusammenhang mit dem Unendlichen am wesentlichsten scheinen.

Es ist aber auch kein Mathematiklehrbuch, obwohl in jedem Kapitel zumindest von einem epochalen Resultat der Mathematik die Rede ist. Mathematiklehrbücher sind in ihrem Aufbau nüchterner, in ihrem Stil straffer, Extempores in Philosophie, Psychologie, Musik, Literatur, wie sie hier anzutreffen sind, sind in strengen Lehrbüchern verpönt.

Dieses Buch ist für mathematische Laien geschrieben, welche die Faszination des Unendlichen berührt und die wissen möchten, was die Mathematiker darüber zu erzählen haben. Die Leser dürfen sich nicht vor einigen einfachen Rechnungen fürchten, die ihnen während der Lektüre begegnen. Mehr als die Kenntnis des Bruchrechnens wird nicht erwartet. Ich habe mich bemüht, alle mathematischen Sachverhalte so klar und einfach wie möglich zu präsentieren. Die beigelegten Skizzen bedeuten eine zusätzliche Verständnishilfe, denn bekanntlich sagt ein Bild mehr als tausend Worte. Nur das Lesen des Anhangs erfordert zuweilen ein etwas tieferes Wissen um den Umgang mit Formeln und Gleichungen, das jedoch nie über die übliche Schulmathematik hinausgeht. Der Anhang ist nämlich für jene besonders interessierten Leserinnen und Leser[1] gedacht, die alles genauer wissen wollen; auf ihn wird mit hochgestellten Zahlen verwiesen. Für das Verständnis des Haupttextes ist das Lesen des Anhangs an keiner Stelle erforderlich.

Manchmal werden die kleinen griechischen Buchstaben α für Alpha, β für Beta, γ für Gamma, φ für Phi, π für Pi und ψ für Psi verwendet. Einerseits bezeichnet man seit jeher so die Winkel im Dreieck und andererseits verwenden wir diese Zeichen für die *unendlichen Dezimalzahlen,* die sich nach und nach als die eigentlichen Helden unserer Geschichte über das Unendliche entpuppen.

Für ihre Unterstützung und ihren Zuspruch beim Abfassen des Textes bin ich meiner Frau Bianca von Herzen dankbar. Karl Riesenhuber danke ich für seine Korrekturen und Verbesserungsvorschläge. Der Springer-Verlag hat sich auch bei der Herausgabe dieses kleinen Werkes in Professionalität und Zuvorkommenheit ausgezeichnet.

Das Buch hat seinen Zweck mehr als erfüllt, wenn die Leser nach der Lektüre noch mehr über die angeschnittenen Themen erfahren möchten. Interessieren sie sich für die Mathematik in all ihren Facetten, für das „Mathematisieren" und für die Verbindung der Mathematik zu anderen Wissenschaften, kann man ihnen nur das einzigartige Buch „Erfahrung Mathematik" von Philip Davis und Reuben Hersh ans Herz legen, das im Verlag Birkhäuser erschienen ist. Die philosophisch Interessierten finden in Hermann Weyls glänzend verfasster „Philosophie der Mathematik und Naturwissenschaft" aus dem Verlag Oldenbourg eine Fülle von Anregungen. Sind die Leser bestrebt, mehr über den Bezug der Zahlenwelt zur „Wirklichkeit" zu erfahren, verweise ich sie auf mein im Vieweg-Verlag erschienenes Buch „Der Zahlen gigantische Schatten".

Wien, Österreich   Rudolf Taschner

---

[1] Wenn im Folgenden von „Mathematikern", „Denkern", „Philosophen" u. ä. die Rede ist, soll stets das grammatikalische, nie das natürliche Geschlecht gelesen werden: so wie z. B. Hermann Weyl eine philosophische Kapazität (weiblich) und ein mathematisches Genie (sächlich) war.

Inhaltsverzeichnis

Pythagoras und das Unendliche im Pentagramm

1

Legenden ranken sich um das Leben des Pythagoras. Man sagt, er sei auf der griechischen Insel Samos, nur wenig mehr als zwei Kilometer westlich vom Festland Kleinasiens gelegen, um 570 v. Chr. geboren. Aus Protest gegen die politischen Verhältnisse in seiner Heimat verließ er diese. Er bereiste Kleinasien, Phönizien, Ägypten, Mesopotamien, lernte vom großen Thales von Milet Mathematik und Astronomie und studierte eingehend astrologische und religiöse Mythen, die in den von ihm besuchten Regionen vorherrschend waren. All dies sog er in sich auf und nutzte es als Grundlage für einen Geheimbund, einen Zirkel sich „Pythagoräer" nennender Weisen, der seinen Sitz im süditalienischen Croton aufschlug[1]. Wie später die Templer, Rosenkreuzer oder Freimaurer erlangte der Verein der Pythagoräer immer mehr politischen Einfluss und wurde dementsprechend immer heftiger von seinen Gegnern angefeindet. Die Rivalen siegten: Es kam zur Vertreibung der Pythagoräer aus Croton, und Pythagoras führte den Rest seiner Anhänger ins süditalienische Metapont, wo er um 480 v. Chr. verstorben sein soll.

Pythagoras als Mathematiker im heutigen Sinn zu bezeichnen, ist sicher falsch[2]. Er war nicht einmal ein Philosoph wie Sokrates, Platon oder Aristoteles, vielmehr haben wir ihn uns als religiösen Lehrer und mystischen Meister vorzustellen, dessen Wort unwidersprochen die letzte Instanz allen Wissens und die unbezweifelbare Antwort auf alle Fragen war. „ER selbst hat es gesagt", galt bei seinen Jüngern als unerschütterliches Argument im Streitgespräch – und mit ER war der gottgleiche Pythagoras gemeint. Leider ist uns fast keines seiner Worte überliefert, nur ein einziger mythischer Spruch aus seinem Munde bekannt:

„Alles ist Zahl."

In diesem Diktum konzentriert sich die Überzeugung des Pythagoras, die gesamte natürliche und soziale Welt sei durch arithmetische Strukturen bestimmt und könne auf Beziehungen zwischen Zahlen zurückgeführt werden. Obwohl uns Heutigen dies auf den ersten Blick befremdlich anmutet, kann man der These des Pythagoras gewisse Plausibilität nicht absprechen. Die Trümpfe in Debatten hat doch der in der

© Springer-Verlag GmbH Deutschland, ein Teil von Springer Nature 2022
R. Taschner, *Das Unendliche*, https://doi.org/10.1007/978-3-662-64544-4_1

Hand, der vorschlagen kann: „Legen wir die Zahlen auf den Tisch". Scheinbar ist allein mit ihnen eine objektive Sicht der Wirklichkeit möglich. Wenn wir meinen, dass sich etwas „auszahle" – auch Immaterielles, wie eine Reise zu den Kulturdenkmälern Italiens, der Skiausflug nach St. Moritz oder der Besuch eines philharmonischen Konzerts in Wien, führen wir es doch auf einen quantitativen Vergleich mit unserem Einsatz zurück, den wir auf Heller und Pfennig genau anzugeben trachten.

Pythagoras von Samos. (Quelle: Bildarchiv d. ÖNB, Wien)

Aber es sind nicht bloß Redeweisen, die als Argumente für die Überzeugung des Pythagoras zählen. Gerade das seit Mitte des zwanzigsten Jahrhunderts einsetzende Zeitalter des Computers, eines Geräts, das von der programmierbaren Waschmaschine bis zu den Gehaltsausdrucken am Bankschalter all unsere Lebensbereiche im Zeitraum einer Generation schlagartig durchdrang und das wie ein Krebsgeschwür alle Organe unserer politischen und sozialen Welt mit seinen Metastasen befällt, belegt das Wort des Pythagoras: Denn im elektronischen Hirn des Computers werden nur Zahlen, Unmengen von Zahlen, aber eben bloß nur Zahlen, verschoben, ausgetauscht, verändert, als Inputfutter verwertet und als Outputabfall ausgeschieden. Das über alle Maßen schöne C-Dur-Quintett von Franz Schubert ist auf einer silbernen CD-Scheibe in einen Zahlencode übertragen. Der CD-Player vermag als darauf spezialisierte Rechenmaschine diese gigantische Zahl in sich aufzunehmen und in Frequenzen zu verwandeln, die vom Verstärker und Lautsprecher weitergeleitet an unser Ohr gelangen. Auf diese Weise gaukelt uns eine prosperierende Unterhaltungsindustrie vor, Schuberts C-Dur-Quintett sei nichts anderes als die auf der CD-Scheibe verborgene, riesige Zahl. Wann, wenn nicht heute, wurde besser demonstriert, wie man erfolgreich versucht, die ganze Welt auf Zahlen zurückzuführen, ja sogar auf Zahlen zu reduzieren?

Man kann wohl zurecht vermuten, dass dem mystischen Denker Pythagoras diese vulgäre Bestätigung seiner These, wie sie uns heute ununterbrochen aufgezwungen wird, nie in den Sinn gekommen wäre. Dazu war er zu elitär und im Denken zu weltabgewandt. Trotzdem fand er vor allem in der Musik sein Wort am klarsten bestätigt: Unabhängig davon, ob eine Saite gestrichen oder eine Flöte geblasen wird – die musikalischen Intervalle sind durch die Zahlenverhältnisse der Längen der schwingenden Saite oder der schwingenden Luftsäule bestimmt: Bei der Oktave beträgt dieses Verhältnis 2 : 1, bei der Quint 3 : 2 und bei der Quart 4 : 3. Dies ist die wesentliche Erkenntnis des Pythagoras: Das schnöde Material, ob eine Stahlsaite, eine Darmsaite, eine Blockflöte oder ein Fagott verwendet werden, ist für den Wohlklang unerheblich. Worauf es bei der Harmonie einzig ankommt, sind die richtigen *Zahlen*verhältnisse. Pythagoras glaubte dies im ganzen Universum bestätigt: Die Himmelssphären der sich um die Erde bewegenden Himmelskörper weisen seiner Meinung nach ebenfalls „*wohlklingende*" Zahlenverhältnisse in den gegenseitigen Abständen auf und lassen so die nur den Himmlischen vernehmbare „Sphärenmusik" erklingen.

Nach des Pythagoras Meinung bestimmen allein die Zahlen 1, 2, 3, 4, 5, 6, 7, 8, 9, 10, 11, 12, … die Welt. Darum gebührt den Zahlen eine außerordentliche Wertschätzung. Die Pythagoräer verachten Händler und Meinungsforscher, Ingenieure und Bankiers, überhaupt alle, die ihrer Ansicht nach Zahlen als bloßes Mittel zum artfremden Zweck missbrauchen. Es ist daher nur zu verständlich, dass die Zahlenmystik in den pythagoräischen Kreisen weit verbreitet war. Vor allem jene Zahlen, die eine ästhetisch ansprechende geometrische Deutung als Punktmuster erlauben, werden hoch geschätzt. Dazu gehören vor allem die *Dreieckszahlen*, die *Quadratzahlen*, die *Fünfecks* oder *Pentagonalzahlen*, die *Sechsecks* oder *Hexagonalzahlen* und so weiter (Abb. 1.1). Allein diese Verbindung von Zahl und geometrischem Muster öffnet den mystisch gesinnten Pythagoräern mit ihren Theorien über Zahlen Tür und Tor.

Verweilen wir beim Fünfeck oder Pentagramm: Diese Figur hat eine bemerkenswerte Eigenschaft: Beim Ziehen aller möglichen Verbindungslinien zwischen den Eckpunkten (der so genannten *Diagonalen*) taucht ihr eigenes Abbild in der Mitte verkleinert wieder auf (Abb. 1.2). Nichts hindert uns daran, auch im inneren Pentagramm alle Diagonalen zu zeichnen und so ein noch kleineres Pentagramm zu erhalten, bei dem wir uns dieselbe Prozedur durchgeführt denken, und so weiter (Abb. 1.3). Selbst wenn wir von einem im großen Maßstab gezeichneten Pentagramm ausgehen, werden unsere grafischen Hilfsmittel nach höchstens einem Dutzend Wiederholungen dieser Konstruktion den Dienst versagen. Dies ändert aber nichts an unserer *allein vom Denken* herrührenden Überzeugung, dass in jedem noch so klein gezeichneten Pentagramm ein noch kleineres als Abbild verborgen liegt, das man durch Ziehen der Diagonalen zum Leben erwecken kann. Und das wiederum ein noch kleineres als Abbild in sich trägt und dies *ohne Ende.*

Das Bild der ineinander geschachtelten Pentagramme vermittelt das Unendliche als eine *ewige Wiederkehr des Gleichen*. Zwei einander geschickt gegenübergestellte Spiegel rufen denselben Eindruck hervor. Auch in der Musik wird die Idee der unendlichen, wenn auch harmonisch ständig modulierten Melodie angedeutet. Ein berühmtes Beispiel ist Johann Sebastian Bachs Canon per Tonos aus dem *Musikalischen Opfer*. Bei den *Goldberg-Variationen* wird zuletzt die wunderschöne Arie des Beginns wiederholt, wodurch Bach die Idee des nie endenden Ablaufs der Variationen andeutet. Und auch das *Perpetuum mobile* von Johann Strauß belegt

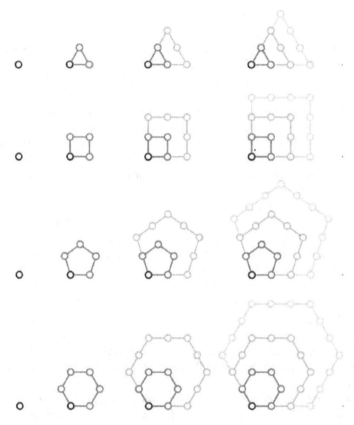

Abb. 1.1 Die Dreieckszahlen 1, 3, 6, 10, …, die Quadratzahlen 1, 4, 9, 16, …, die Pentagonalzahlen 1, 5, 12, 22, …, die Hexagonalzahlen 1, 6, 15, 28, …

Abb. 1.2 Das
Pentagramm mit seinen
Diagonalen liefert im
Inneren ein neues, auf den
Kopf gestelltes,
eingeschriebenes
Pentagramm

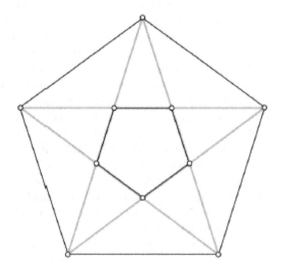

Abb. 1.3 Zieht man in
jedem eingeschriebenen
Pentagramm erneut die
Diagonalen, erhält man
eine unendliche Folge
ineinander geschachtelter
Pentagramme

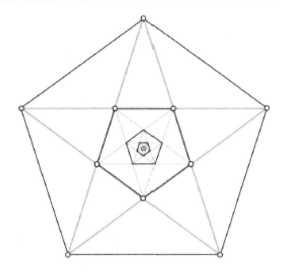

bereits durch seinen Titel, dass die beschwingte Melodie in endlosen Wiederholungen fortzusetzen wäre, würde sie nicht der Dirigent mit einem „und so weiter, und so weiter, …" verklingen lassen.

Zwei weitere geometrische Beispiele seien noch genannt, an denen sich die Unendlichkeit als die ewige Wiederkehr des Gleichen manifestiert:

Im ersten Beispiel gehen wir von einem Dreieck mit drei gleich langen Seiten aus (Abb. 1.4). Wir löschen von jeder der drei Seiten das mittlere Drittel und setzen stattdessen über die Lücken je *zwei* Seiten, die genauso lang wie das weggenommene mittlere Drittel sind. Nun verfahren wir im nächsten Schritt mit der aus $3 \times 4 = 12$ Seiten bestehenden Figur genauso[3]: Von jeder der zwölf Seiten entfernen wir das mittlere Drittel und setzen stattdessen über die Lücken je zwei Seiten, die genauso lang wie das eben gelöschte mittlere Drittel sind. Als Ergebnis erhalten wir einen bizarrer wirkenden Stern. Mit dieser aus $12 \times 4 = 48$ Seiten bestehenden Figur denken wir uns die gleiche Prozedur durchgeführt und erhalten als Nächstes eine aus $48 \times 4 = 192$ Seiten bestehende Figur, die entfernt an eine Schneeflocke erinnert. Wie wir beim Pentagramm durch Ziehen der Diagonalen das innere Pentagramm und in der ununterbrochenen Aufeinanderfolge des Diagonalenziehens die unendliche Folge der ineinander geschachtelten Pentagramme erhalten, so gewinnen wir in analoger Weise bei diesem, vom schwedischen Mathematiker Niels Fabian Helge von Koch (*1870, †1924) ersonnenen Beispiel eine unendliche Folge immer bizarrer wirkender „Schneeflocken" mit immer zerklüfteter anmutenden Rändern. Man erkennt ferner sofort, dass jedes Drittel eines Bildes einer vorher gezeichneten „glatteren" Schneeflocke in allen folgenden bizarreren Schneeflocken in immer schrumpfender Verkleinerung – dafür aber an immer mehr Stellen gleichzeitig – auftaucht. Wieder verspüren wir etwas vom ästhetischen Reiz des Unendlichen als der ewigen Wiederkehr des Gleichen[4].

Das zweite Beispiel berührt unser ästhetisches Empfinden noch intensiver. Es handelt sich dabei um eine Figur, die nach dem französisch-amerikanischen

Abb. 1.4 Die ersten vier Konstruktionsschritte bei der Schneeflockenkurve des Helge von Koch

Computerspezialisten Benoit Mandelbrot (*1924, †2010) benannt wird. Sie entsteht, indem man die Punkte der Ebene nach einem bestimmten[5] mathematischen Verfahren entweder schwarz oder weiß färbt.

Auf die exakte Formulierung des Verfahrens kommt es im Augenblick nicht an, wichtig allein ist, dass man dieses Verfahren so formulieren kann, dass es als Computerprogramm von einer Rechenmaschine „verstanden" wird. Wenn die Auflösung des Computerbildschirms fein genug ist, erhält man das in Abb. 1.5 gezeigte Bild der Mandelbrotfigur:

In einer ersten groben Beschreibung erinnert die Figur an eine herzförmige Fläche; ihrem Einschnitt gegenüber ist eine etwa ein Viertel so große Kreisfläche angeheftet. Die gerade Linie, auf der sich der Mittelpunkt der Kreisfläche und die Einschnittspitze befinden, ist eine Symmetrieachse der Mandelbrotfigur. Von der Einschnittspitze aus gesehen im rechten Winkel zur Symmetrieachse sind oben und

Abb. 1.5 Die Mandelbrotfigur. (Quelle: nach Penrose R., The Emperor's New Mind, Oxford Universitiy Press, pp 72–77)

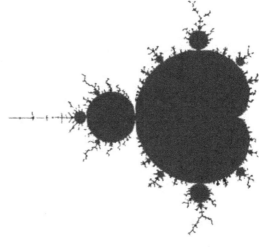

Abb. 1.6 In einer ersten schematischen Näherung besteht die Mandelbrotfigur aus einer herzförmigen Fläche, aus einer aufgesetzten Kreisfläche in Richtung der Symmetrieachse und aus zwei kleineren symmetrisch dazu aufgesetzten Kreisflächen

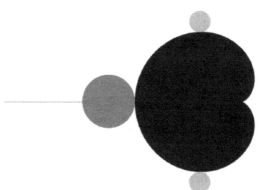

unten zwei weitere, kleinere Kreisflächen an die herzförmige Kontur aufgesetzt (Abb. 1.6).

Das bisher Gesagte bringt den Reiz der Figur noch nicht zur Geltung. In Wahrheit verzweigt sie sich vielfältigst in kreisförmige Warzen und in sich wie Kapillaren fortsetzende Linien. Beachten wir zunächst, dass die sich links vom Einschnitt befindliche Symmetrieachse zur Mandelbrotfigur gehört: Auch sie scheint von Warzen übersät zu sein. Betrachtet man eine von diesen Warzen unter dem Mikroskop genauer, tritt eine zur ursprünglichen Mandelbrotfigur analoge Kontur zutage (Abb. 1.7).

Aber auch die auf den herzförmigen Hauptteil der Mandelbrotfigur aufgesetzten Warzen erinnern in der Vergrößerung an die ursprüngliche Figur (Abb. 1.8). Noch spannender wird es, wenn man in den Spalt zwischen herzförmigem Hauptteil und der angrenzenden großen Kreisfläche genauer blickt: Er ist mit einer sich unaufhörlich verkleinernden Folge von Warzen überzogen, die in ihren Verzweigungen immer mehr an Seepferdchen erinnern. Betrachten wir den Schwanz eines dieser

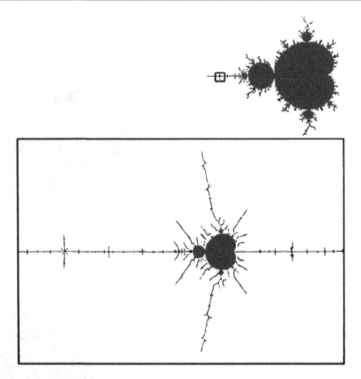

Abb. 1.7 Ein Detail der Mandelbrotfigur, von einer „Warze" der Symmetrieachse entnommen und vergrößert. (Quelle: nach Penrose R., The Emperor's New Mind, Oxford Universitiy Press, pp 72–77)

Seepferdchen in einer Abfolge von Vergrößerungen (Abb. 1.9): Ganz tief verborgen finden wir wieder ein fast getreues Abbild der ursprünglichen Mandelbrotfigur mit all ihren Filamenten, die wieder in weiterer Vergrößerung ungezählte Abbilder der Mandelbrotfigur in sich tragen – und dies ohne Ende.

Von der Unendlichkeit in der Schneeflockenkurve oder in der Mandelbrotfigur hatten die Pythagoräer naturgemäß keine Ahnung. Ihnen genügte bereits das Pentagramm mit seinen unendlich vielen ineinander geschachtelten Fünfecken, um zu einer der tiefsten mathematischen Erkenntnisse überhaupt zu gelangen: Lässt man zwei Saiten mit den Längen der Seite und der Diagonale des Pentagramms erklingen, hört man ein dissonantes Intervall, das sicher zwischen dem Verhältnis 2 : 1 der Oktave und dem Verhältnis 3 : 2 der Quint liegt.

Etwas darüber liegt das Intervall mit dem Verhältnis 5 : 3 und etwas darunter das Intervall mit dem Verhältnis 8 : 5. Dies ist schon deshalb interessant, weil ein Fünfeck mit einer Seitenlänge von 5 cm ungefähr (aber nicht genau!) 8 cm als Diagonalenlänge besitzt. Die bis jetzt genannte Folge von Intervallen

$$2 : 1, 3 : 2, 5 : 3, 8 : 5$$

besitzt offenkundig ein sehr einfaches Bildungsgesetz (Abb. 1.10):

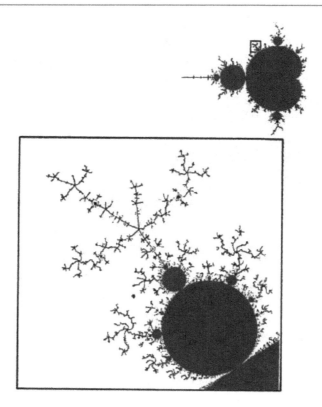

Abb. 1.8 Ein Detail der Mandelbrotfigur, von einer „Warze" der herzförmigen Fläche entnommen und vergrößert. (Quelle: nach Penrose R., The Emperor's New Mind, Oxford Universitiy Press, pp 72–77)

Nennen wir die Zahl vor dem Doppelpunkt den *Zähler* und die Zahl nach dem Doppelpunkt den *Nenner*, so ist die Summe von Zähler und Nenner der neue Zähler des nächsten Verhältnisses und der neue Nenner der vorherige Zähler. So wird die bisher gefundene Folge von Intervallen mit

$$13:8,\ 21:13,\ 34:21,\ 55:34,\ 89:55,\ \dots$$

fortgesetzt. Und in der Tat: Ein Fünfeck mit 55 mm Seitenlänge hat ziemlich (aber nicht ganz!) genau eine Diagonalenlänge von 89 mm. Was liegt dieser geheimnisvollen Verbindung zwischen dem Pentagramm und dem genannten Bildungsgesetz zugrunde?

Die Diagonale d' des eingeschriebenen Pentagramms ergibt sich als Unterschied zwischen den Diagonalen d und der Seite s des großen Pentagramms:

$$d' = d - s.$$

Ebenso bekommt man die Seite s' des eingeschriebenen Pentagramms, wenn man seine Diagonale d' von der Seite s des großen Pentagramms abzieht:

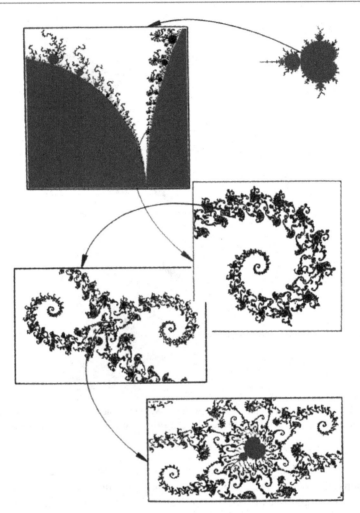

Abb. 1.9 Vergrößert man den Spalt zwischen herzförmiger Fläche und großer Kreisfläche, gelangt man in das „Tal der Seepferdchen"; ein „Schwanz" eines der Seepferdchen in dreifacher aufeinander folgender Vergrößerung betrachtet, bringt wieder eine zur ursprünglichen Mandelbrotfigur ähnliche Figur zum Vorschein. (Quelle: nach Penrose R., The Emperor's New Mind, Oxford Universitiy Press, pp 72–77)

$$s' = s - d'.$$

Darum kann ein Fünfeck mit 55 mm Seitenlänge *nicht* haargenau eine Diagonalenlänge von 89 mm besitzen: Das eingeschriebene Pentagramm hätte dann nämlich eine Diagonale, die genau

$$89\,\text{mm} - 55\,\text{mm} = 34\,\text{mm},$$

und eine Seite, die genau

Abb. 1.10 Die Seite *s* des großen Pentagramms setzt sich aus der Diagonale *d'* und der Seite *s'* des kleinen Pentagramms zusammen. Die Diagonale *d* des großen Pentagramms setzt sich aus der Seite *s* des großen Pentagramms und der Diagonale *d'* des kleinen Pentagramms zusammen

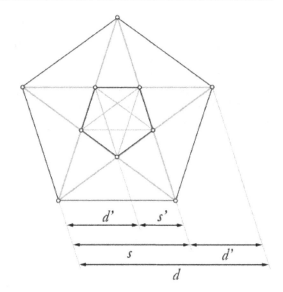

$$55\,\text{mm} - 34\,\text{mm} = 21\,\text{mm}$$

lang wären. Dessen eingeschriebenes Fünfeck wiederum hätte eine Diagonale, die

$$34\,\text{mm} - 21\,\text{mm} = 13\,\text{mm},$$

und eine Seite, die

$$21\,\text{mm} - 13\,\text{mm} = 8\,\text{mm}$$

lang wären. Das nächste eingeschriebene Fünfeck besäße

$$13\,\text{mm} - 8\,\text{mm} = 5\,\text{mm}$$

und

$$8\,\text{mm} - 5\,\text{mm} = 3\,\text{mm}$$

als Diagonalen- und Seitenlängen. Das darauf folgende eingeschriebene Pentagramm die Diagonalenlänge

$$5\,\text{mm} - 3\,\text{mm} = 2\,\text{mm}$$

und die Seitenlänge

$$3\,\text{mm} - 2\,\text{mm} = 1\,\text{mm}.$$

Schließlich endete diese Kaskade eingeschriebener Fünfecke bei einem Pentagramm mit

$$2\,\text{mm} - 1\,\text{mm} = 1\,\text{mm}$$

als Diagonale und mit

$$1\,\text{mm} - 1\,\text{mm} = 0\,\text{mm}$$

als Seite – also bei einem Pentagramm, *das es gar nicht gibt.*

Es ist klar: Mit welcher genauen Anzahl von Millimetern für Diagonale und Seite des Ausgangsfünfecks man auch beginnt, immer endet das Berechnen der Diagonalen und Seiten der eingeschriebenen Fünfecke in einer geometrischen Katastrophe. Und die gleiche Katastrophe ereignet sich, wenn man sich auf eine viel kleinere Längeneinheit als Millimeter einigt. Selbst wenn man sich Strecken aus „Atomdurchmessern" zusammengesetzt denkt: eine ganzzahlige Anzahl der Atomdurchmesser als Diagonalenlänge und eine kleinere ganzzahlige Anzahl der Atomdurchmesser als Seitenlänge festgelegt, wird nie – wie raffiniert auch immer diese Zahlen gewählt sind – ein exaktes Pentagramm ergeben.

Hieraus erklärt sich, dass *eine exakte Darstellung des Verhältnisses von Diagonale zur Seite des Pentagramms durch Zahlen nie gelingen kann*[6]. Der um 450 v. Chr. lebende Hippasos von Metapont zog als Erster diesen Schluss und erteilte so der pythagoräischen These, die ganze Welt gründe sich auf Zahlen und deren Verhältnisse, den vernichtenden Schlag. Es ist kein Wunder, dass die Pythagoräer den ihrem Kreise nahestehenden Hippasos, der seine Entdeckung sogar noch öffentlich kundtat, zur Bestrafung im Meer ertränkten.

Seine Erkenntnis selbst löschten sie damit freilich nicht aus. Mit ihr beginnt vielmehr die unvermeidliche Diskussion, inwieweit es mit Zahlen gelingt, wenn schon nicht endgültig, so doch in einer befriedigenden Weise die Welt in der vom Pentagramm symbolisierten unendlichen Vielfalt zu beschreiben – eine Diskussion, deren entscheidende Gesichtspunkte wir in den folgenden Kapiteln nachvollziehen.

Euklid und die Unendlichkeit der Primzahlen

2

Wie bei Pythagoras wissen wir auch wenig über die Lebensgeschichte des Euklid zu berichten. Möglicherweise lebte er um 300 v. Chr. in Athen und wurde danach von einem der Ptolemäer, die damals als Diadochen Alexanders des Großen Ägypten beherrschten, nach Alexandria berufen. Dort lehrte er am „Museion", der mit zwei großen Bibliotheken ausgestatteten Universität, und verfasste die *Elemente,* sein berühmtes Lehrbuch der Geometrie. Der Legende nach soll es der Herrscher Ptolemäus Soter gewesen sein, der Euklid fragte, ob es denn keinen bequemeren Zugang zur Mathematik als die *Elemente* gäbe. Hierauf soll Euklid stolz geantwortet haben: „Es gibt keinen Königsweg zur Geometrie."

Es ist bekannt, dass Euklid elf Schriften über Arithmetik, Geometrie, Musiktheorie und Astronomie verfasste; fünf dieser Schriften sind uns im Wesentlichen vollständig überliefert. Als herausragendste unter ihnen gilt jedoch seit jeher das Buch „Elemente", nach der Bibel das verbreitetste Buch der Erde. Es ist in über 1700 Ausgaben erschienen. Eigentliche Zielsetzung seines Buches war der Nachweis, dass es nur fünf sogenannte „regelmäßige Körper", nämlich die aus vier gleichseitigen Dreiecken gebildete Pyramide, das *Tetraeder,* die aus acht gleichseitigen Dreiecken gebildete Doppelpyramide, das *Oktaeder,* das aus 20 gleichseitigen Dreiecken gebildete *Ikosaeder,* den aus sechs Quadraten gebildeten Würfel, das *Hexaeder,* und das aus zwölf Pentagrammen gebildete *Dodekaeder* gibt (Abb. 2.1). Dabei wird ein Körper *regelmäßig* genannt, wenn jede seiner Seitenflächen die gleiche Anzahl von Kanten begrenzt und an jede seiner Ecken die gleiche Anzahl von Kanten stößt[7].

Nicht die Zielsetzung des Buches ist von wesentlichem Interesse, sondern die Methode, mit der Euklid sein Vorhaben verwirklicht: Der griechische Titel des Buches, „ta stoicheia", bedeutet genau übersetzt das „A-B-C". Euklid setzt sich das Programm, alle von ihm verwendeten geometrischen Lehrsätze *von Grund auf* zu erklären. Er erwartet vom Leser keinerlei mathematische Vorbildung. So verfasste Euklid das erste grundlegende mathematische Lehrbuch der Geschichte, welches auch tatsächlich jahrhundertelang als Mathematiklehrbuch in den Schulen Verwendung fand.

© Springer-Verlag GmbH Deutschland, ein Teil von Springer Nature 2022
R. Taschner, *Das Unendliche,* https://doi.org/10.1007/978-3-662-64544-4_2

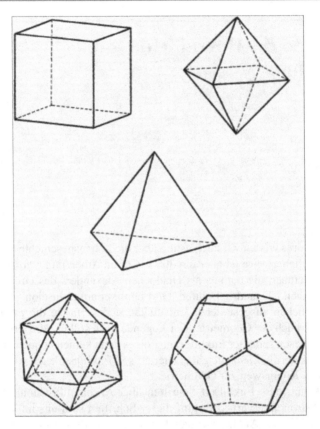

Abb. 2.1 Jede der 6 Flächen des Würfels wird von 4 Kanten begrenzt und an jede der 8 Ecken stoßen 3 Kanten; umgekehrt stoßen an jede der 6 Ecken des Oktaeders 4 Kanten und jede der 8 Flächen wird von 3 Kanten begrenzt. Jede der 4 Flächen des Tetraeders wird von 3 Kanten begrenzt und an jede seiner 4 Ecken stoßen 3 Kanten. Jede der 20 Flächen des Ikosaeders wird von 3 Kanten begrenzt und an jede der 12 Ecken stoßen 5 Kanten; umgekehrt stoßen an jede der 20 Ecken des Dodekaeders 3 Kanten und jede der 12 Flächen wird von 5 Kanten begrenzt

Eigentlich haben wir uns Euklid nicht als genialen mathematischen Entdecker, vielmehr als trockenen Schulmeister vorzustellen. Die meisten der in den Elementen enthaltenen Lehrsätze waren bereits vor Euklid von anderen bewiesen. Euklids Leistung bestand darin, diese Fülle geometrischer und arithmetischer Erkenntnisse in ein geordnetes Schema zu pressen, und hierfür war er wahrhaft talentiert. Um die euklidische Gedankenführung zu verstehen, verdeutlichen wir seine Vorgangsweise an einem einfachen Beispiel, das zwar in dieser Form nicht direkt von ihm stammt, aber seine Denkweise gut aufzeigt:

Euklid. (Quelle: Ernst, Max, Euklid. VG Bild-Kunst, Bonn 2005)

Wir denken uns eine Strecke mit den Endpunkten A und B durch den Mittelpunkt M halbiert und darüber einen Halbkreis gezogen. Der Punkt C wird irgendwo auf diesem Halbkreis markiert, so dass A, B, C die Ecken eines Dreiecks bilden (Abb. 2.2). Der von 625 bis 546 v. Chr. lebende Naturphilosoph, Astronom, Ingenieur und Mathematiker Thales von Milet lehrte, dass der Dreieckswinkel γ in C ein *rechter* Winkel ist, d. h. genau 90° beträgt. Naiverweise könnte man die Richtigkeit dieser Behauptung dann als erwiesen betrachten, wenn man einige genaue Konstruktionen (mit dem Punkt C an verschiedenen Stellen des Halbkreises) erstellt und den Winkel γ bei C misst, wobei sich (innerhalb der Messgenauigkeit) stets $\gamma = 90°$ als vermessener Winkel herausstellt. Die griechischen Geometer empfinden eine derartige Argumentation jedoch aus zweierlei Gründen als völlig abwegig:

Einerseits ist es gänzlich undenkbar, *alle* möglichen Positionen von C auf dem Halbkreis in Skizzen zu erfassen, denn für den Ort von C stehen *unendlich* viele Punkte des Halbkreises zur Verfügung. Überdies lässt die Messgenauigkeit des Winkelmessers – selbst bei außerordentlich genauen Instrumenten – immer noch zu wünschen übrig: Die gemessenen 90° auf Milliardstel Grad genau zu fixieren, ist schlicht unvorstellbar.

Andererseits vermittelt eine Bestätigung durch Messung – selbst wenn sie in allen Fällen genau gelänge – keinerlei Einsicht darüber, *warum* bei Dreiecken im Halbkreis stets ein rechter Winkel γ auftritt. Mit anderen Worten: mehr als eine Bestätigung interessiert uns eine *Begründung* dieses Sachverhalts.

Abb. 2.2 Der Satz von Thales besagt, dass der Dreieckswinkel im Punkt C auf dem Halbkreis ein rechter Winkel ist

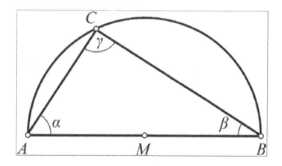

Diese Begründung gelingt, wenn man die von *M* zu *C* führende Strecke in das Dreieck einzeichnet. Diese zerlegt den Winkel *γ* bei *C* in einen linken und einen rechten Teilwinkel (Abb. 2.3). Alle drei von *M* ausgehenden Strecken zu den Punkten *A, B, C* sind gleich lang, weil sie mit dem Radius des Halbkreises übereinstimmen. Darum ist das Dreieck mit den Ecken *C, A* und *M* gleichschenklig mit *M* als Spitze. Der linke Teil des Winkels *γ* stimmt darum mit dem Winkel *α* bei *A* überein. Weil auch das Dreieck mit den Ecken *B, C* und *M* mit *M* als Spitze gleichschenklig ist, stimmt der rechte Teil des Winkels *γ* mit dem Winkel *β* bei *B* überein. Dies beweist

$$\gamma = \alpha + \beta.$$

Berücksichtigt man ferner, dass in jedem Dreieck die Summe der an den Ecken befindlichen Winkel *α, β* und *γ* stets zwei rechte Winkel, d. h. $\alpha + \beta + \gamma = 180°$ ergibt und dass wegen der obigen Formel $\alpha + \beta + \gamma = \gamma + \gamma = 2\,\gamma$ gilt, bleibt für den Winkel *γ* nichts anderes übrig, als mit 90° übereinzustimmen. Dies ist der exakte Nachweis des Satzes von Thales.

Allerdings haben wir für diesen Nachweis die Formel

$$\alpha + \beta + \gamma = 180°$$

über die Summe der Innenwinkel *α, β, γ* eines Dreiecks verwendet, ohne zu wissen, wie man diese begründet. Auch hier ist es klarerweise nicht damit getan, dass man an einigen irgendwie konstruierten Dreiecken die Innenwinkel misst, deren jeweilige Summe berechnet und – innerhalb der Messgenauigkeit – das Ergebnis 180° bestätigt. Die exakt denkenden griechischen Geometer gehen ganz anders vor: Sie skizzieren ein beliebiges Dreieck mit den Ecken *A, B* und *C* und verlängern die Seite, auf der *A* und *C* liegen, zu einer geraden Linie. Dann legen sie durch den Punkt *C* eine gerade Linie, die zur gegenüberliegenden Seite, auf der *A* und *B* liegen, *parallel* ist (Abb. 2.4). Wie die Abb. 2.4 zeigt, findet man mit dieser Konstruktion im Punkt *C* nicht nur den Winkel *γ*, sondern auch Kopien der Winkel *α* und *β*, die sich aneinander gereiht tatsächlich zu einer geraden Linie, d. h. zum doppelten rechten Winkel 180° addieren.

In seiner trockenen schulmeisterlichen Art ordnet Euklid diese Erkenntnisse in einer logisch zwingenden Abfolge an: Zuerst behauptet er den Satz über die Summe der Innenwinkel des Dreiecks und formuliert danach wie wir den abstrakten Beweis. Als Nächstes formuliert er den Satz von Thales und beweist ihn, indem er wie oben

Abb. 2.3 Der Beweis des Satzes von Thales: Die drei Strecken vom Kreismittelpunkt *M* zu den Dreiecksecken sind gleich lang, daher sind die Dreieckswinkel *a* und *b* auch im Punkt *C* auf dem Halbkreis wieder anzutreffen

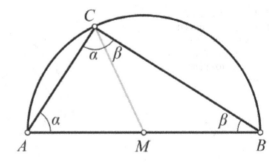

Abb. 2.4 Der Beweis des
Satzes von der Summe der
Innenwinkel im Dreieck:
Die in *C* gezeichnete
Parallele zur Dreiecksseite
durch *A* und *B* bringt im
Punkt *C* die Winkel *a* und
b wieder zum Vorschein.
Mit *g* zusammengesetzt
ergeben sie eine
gerade Linie

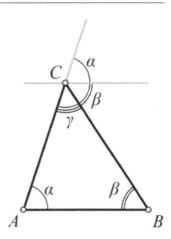

den bereits bewiesenen Satz über die Summe der Innenwinkel des Dreiecks zur Anwendung bringt. Auf diese Weise bildet er ein Gefüge von Sätzen und Beweisen,
wobei die Herleitungen der späteren (und komplizierteren) Lehrsätze auf den vorher
formulierten und bereits bewiesenen Sätzen fußen. Seine Vorgehensweise erinnert an
Agatha Christies Hercule Poirot: Alle geometrischen Indizien müssen geeignet ineinander greifen, wobei Euklid im Allgemeinen verschweigt, welche Intuition ihn
gerade zu dieser oder jener kunstvollen Beweisführung verleitet hat. (Wie kommt er
zum Beispiel beim Beweis des Satzes von Thales auf die Idee, die Strecke von *M* zu
C zu zeichnen? Was veranlasst ihn beim Nachweis für die Summe der Innenwinkel,
durch *C* die Parallele zur gegenüberliegenden Seite zu legen?) Wie Colonel Hastings,
der naive Gefährte Poirots, ist auch der Leser der „Elemente" immer wieder von der
überraschenden Argumentation Euklids beeindruckt.

In der Tat ist Euklid für die meisten mathematischen Lehrbuchautoren in dieser
Vorgehensweise zum Vorbild geworden. Leider geht damit oft die Unverdaulichkeit
vieler mathematischer Schriften einher. Denn wenn der Leser allein die Korrektheit
der einzelnen Beweisführungen überprüfen kann, ihm aber die Motive des Autors
vorenthalten werden und er nichts von den Einsichten des Autors erfährt, die zur
jeweiligen Argumentationskette geführt haben, dann wird das Lesen allzu mühsam.
Euklid hat für künftige Schülergenerationen trotz der Eleganz im Aufbau seiner
„Elemente" oft demotivierend, ja sogar abschreckend gewirkt und hierin sicher
einen Teil am schlechten Ruf der Mathematik als unverständliche und komplizierte
Wissenschaft mit zu verantworten.

Auf der anderen Seite scheint die von Euklid entworfene Denkweise der griechischen Geometrie den früheren geometrischen Schulen Ägyptens oder Babylons
weit überlegen: Die vorgriechischen Denker fassten geometrische Figuren eher als
Sinneseindrücke denn als Denkgebilde auf. Prinzipiell empfanden sie zwischen den
Aussagen, ein Würfel bestehe aus Quadraten als Seitenflächen, oder ein Würfel bestehe aus Holz, keinen Unterschied. Ganz anders sehen dies die Griechen: Thales
erkennt, dass jedes im Halbkreis eingeschriebene Dreieck *denknotwendig*
rechtwinklig ist, egal, aus welcher Substanz es besteht und ob es genau konstruiert
oder nur schematisch skizziert ist.

Platon entwickelt aus dem Vorrang des Gedankengebildes mit seinen un-
bezweifelbaren Wahrheiten gegenüber dem Sinneseindruck mit seinen möglichen
Täuschungen die Vorstellung ewiggültiger *Ideen,* welche das Sein bestimmen.
Dabei beruft er sich ausdrücklich auf die von ihm bewunderte griechische Geometrie. Ja er verlangt sogar von allen, die in seiner Akademie um Aufnahme an-
suchen, geometrische Bildung. Diese Bewunderung der euklidischen Methode setzt
sich in der Geschichte der Philosophie weiter fort: Spinoza ist bemüht, seine Ethik
„more geometrico" zu entwickeln. Leibniz glaubt, man könne die verschiedensten
sozialen, rechtlichen, politischen Probleme unter Verwendung einer geeignet kalku-
latorisch aufgebauten Sprache einfach durch Rechnen lösen. Sogar die der idealistischen Philosophie skeptisch gegenüberstehenden Philosophen des Wiener Kreises
hatten sich zum Ziel gesetzt, nur jene Sätze für philosophisch sinnvoll zu halten, die
sich im Sinne Euklids aus Deduktionsketten einfacher Protokollsätze entwickeln
lassen – ähnlich wie Poirot nur jene Vermutungen anzustellen bereit ist, die durch
die Indizien des Verbrechens untermauert werden.

Am Anfang aller Indizienketten, die Hercule Poirot knüpft, steht ein Mord.
Womit aber beginnt Euklid seine geometrischen Argumentationsketten? Welche
Sätze stehen am Anfang seines Buches, das ja *ohne Voraussetzungen* die Geometrie
begründen will?

Euklid setzt an den Anfang geometrische Lehrsätze, die so unmittelbar einsichtig
sind, dass sie keiner weiteren Beweisführung bedürfen. Derartige Sätze, die er als
„aitémata", Forderungen, und „koinai énnoiai", gemeinhin gültige Sätze, formuliert,
nennen wir heutzutage *Axiome.* Drei Beispiele geometrischer Axiome sind (Abb. 2.5):

Erstes Axiom: Durch je zwei voneinander verschiedene Punkte kann man eine und
   nur eine gerade Linie legen.
Zweites Axiom: Zu jeder geraden Linie und jedem nicht auf ihr liegenden Punkt gibt
   es eine und nur eine durch diesen Punkt verlaufende parallele gerade Linie.
Drittes Axiom: Es gibt mindestens drei Punkte, die nicht auf einer gemeinsamen
   geraden Linie liegen.

Beim zweiten Axiom kommt der Begriff einer zu einer gegebenen geraden Linie
„parallelen" geraden Linie vor. Hier ist Euklid verpflichtet, zu erklären, was er unter
„parallel" versteht: Zwei verschiedene gerade Linien in einer Ebene heißen zueinander *parallel,* wenn sie keinen gemeinsamen Punkt besitzen. Mit dieser *Definition* wird das Wort „parallel" auf die Begriffe des Punktes, der geraden Linie und
des Liegens eines Punktes auf einer Linie bzw. des Laufens einer Linie durch einen
Punkt zurückgeführt. Ebenso kann man *definieren:* Ein *Dreieck* ist durch drei
Punkte *A, B, C* gegeben, die nicht auf einer gemeinsamen geraden Linie liegen.
(Nach dem dritten Axiom gibt es mindestens ein Dreieck.) Die Punkte *A, B, C* heißen die *Ecken* des Dreiecks, die geraden Linien durch *A* und *B,* durch *B* und *C* und
durch *C* und *A* die *Seiten* des Dreiecks. So fußen die Begriffe des Dreiecks, der
Dreiecksecke oder der Dreiecksseite wieder auf den ursprünglichen Begriffen von
Punkt und gerader Linie. Auch für „Punkt", „Linie" und speziell „gerader Linie"
versucht Euklid Definitionen zu geben: Ein *Punkt* ist, was keine Teile hat (eigentlich

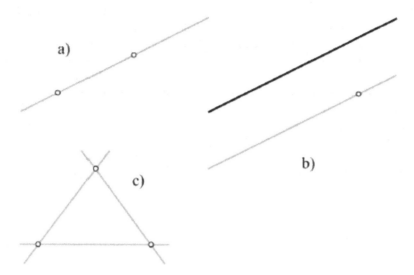

Abb. 2.5 Drei Axiome der Geometrie: a) Durch zwei voneinander verschiedene Punkte gibt es eine und nur eine Gerade. b) Zu einer Geraden und einen nicht auf ihr liegenden Punkt gibt es eine und nur eine parallele Gerade. c) Es gibt drei Punkte, die nicht auf einer gemeinsamen Geraden liegen

ein „átomos", ein Unteilbares, im Sinne der Atomistik von Demokrit). Eine *Linie* ist eine Länge ohne Breite. Eine *gerade* Linie (kurz: eine *Gerade*) ist eine Linie, die zu jedem Punkt auf ihr gleichmäßig liegt.

Während die oben gegebenen Definitionen von „parallel", „Dreieck", usw. Sinn machen, weil sie sich auf die Grundbegriffe des Punktes und der geraden Linie beziehen, bleiben die letztgenannten Definitionen von „Punkt" oder „gerader Linie" sinnlos und wirken unbeholfen: Sie erklären nicht, sondern versuchen bestenfalls einen einfachen Begriff mit komplizierteren zu umschreiben. (Was bedeutet denn, dass eine Linie „zu jedem Punkt auf ihr *gleichmäßig* liegt"?) Bezeichnenderweise verwendet Euklid an keiner Stelle seines Buches diese unnützen Grunddefinitionen. Allein wesentlich sind die in den Axiomen dargelegten Beziehungen, die zwischen den Grundbegriffen bestehen. Diese Erkenntnis hat in der neuzeitlichen Mathematik eine Umkehrung im Verständnis vom Wesen der Axiome bewirkt: Heutzutage fasst man Axiome nicht mehr als Sätze auf, die so evidente Sachverhalte aufzeigen, dass jede weitere Begründung sinnlos ist. Vielmehr geht man von der Vorstellung aus, eine mathematische Theorie sei ein „Sprachspiel". Die Axiome setzen rein willkürlich die in diesem Sprachspiel verwendeten (und vorerst ohne Bezug zur Wirklichkeit stehenden) Begriffe zueinander in Beziehung. Am besten verdeutlicht diese moderne Sichtweise das Beispiel des Schachspiels: Auch hier kennt man Begriffe wie „Bauer", „Turm", „Dame", „König" usw., deren Bezug zu echten Bauern, Türmen, Damen oder Königen völlig unerheblich ist: Einzig wesentlich sind die erlaubten Zugfiguren auf dem Schlachtfeld des Schachbrettes, die gleichsam die Axiome in der Theorie des Schachspiels symbolisieren.

   Doch wir schießen mit diesen Betrachtungen über die gedankliche Welt Euklids und
der griechischen Mathematik weit hinaus. Kehren wir zu Euklid selbst zurück und studieren wir insbesondere jene Kapitel (die „Bücher" 7, 8, 9) seiner Elemente, in denen
er – als Hilfsmittel für folgende geometrische Überlegungen – Lehrsätze über Zahlen
erörtert. Hier erklärt er in seiner elften Definition von Buch 7 den Begriff der *Primzahl*:

   Jede Zahl lässt sich – wenn man sie als Punktmuster beschreibt – als *Rechteck-
zahl* darstellen, d. h. die Punkte, deren Anzahl genau die Zahl darstellt, können
immer in Form eines rechteckigen Gitters gezeichnet werden. Wir wollen uns darauf einigen, dass die „Höhe" des Rechtecks nie die „Länge" überragen soll (d. h.
alle Rechteckgitter sollen im Querformat, nicht im Hochformat gezeichnet werden).
Für die ersten zwölf Zahlen finden wir die folgenden Darstellungen:

$$1 = \bullet \, ,$$
$$2 = \bullet \ \bullet \, ,$$
$$3 = \bullet \ \bullet \ \bullet \, ,$$
$$4 = \bullet \ \bullet \ \bullet \ \bullet \ =$$
$$= \begin{matrix} \bullet & \bullet \\ \bullet & \bullet \end{matrix} \, ,$$
$$5 = \bullet \ \bullet \ \bullet \ \bullet \ \bullet \, ,$$
$$6 = \bullet \ \bullet \ \bullet \ \bullet \ \bullet \ \bullet \ =$$
$$= \begin{matrix} \bullet & \bullet & \bullet \\ \bullet & \bullet & \bullet \end{matrix} \, ,$$
$$7 = \bullet \ \bullet \ \bullet \ \bullet \ \bullet \ \bullet \ \bullet \, ,$$
$$8 = \bullet \ \bullet \ \bullet \ \bullet \ \bullet \ \bullet \ \bullet \ \bullet \ =$$
$$= \begin{matrix} \bullet & \bullet & \bullet & \bullet \\ \bullet & \bullet & \bullet & \bullet \end{matrix} \, ,$$
$$9 = \bullet \ \bullet \ \bullet \ \bullet \ \bullet \ \bullet \ \bullet \ \bullet \ \bullet \ =$$
$$= \begin{matrix} \bullet & \bullet & \bullet \\ \bullet & \bullet & \bullet \\ \bullet & \bullet & \bullet \end{matrix} \, ,$$
$$10 = \bullet \ \bullet \ \bullet \ \bullet \ \bullet \ \bullet \ \bullet \ \bullet \ \bullet \ \bullet \ =$$
$$= \begin{matrix} \bullet & \bullet & \bullet & \bullet & \bullet \\ \bullet & \bullet & \bullet & \bullet & \bullet \end{matrix} \, ,$$
$$11 = \bullet \ \bullet \ \bullet \ \bullet \ \bullet \ \bullet \ \bullet \ \bullet \ \bullet \ \bullet \ \bullet \, ,$$
$$12 = \bullet \ \bullet \ \bullet \ \bullet \ \bullet \ \bullet \ \bullet \ \bullet \ \bullet \ \bullet \ \bullet \ \bullet \ =$$
$$= \begin{matrix} \bullet & \bullet & \bullet & \bullet & \bullet & \bullet \\ \bullet & \bullet & \bullet & \bullet & \bullet & \bullet \end{matrix} \ =$$
$$= \begin{matrix} \bullet & \bullet & \bullet & \bullet \\ \bullet & \bullet & \bullet & \bullet \\ \bullet & \bullet & \bullet & \bullet \end{matrix} \, .$$

Wie man sieht, kann man jede Zahl zumindest so in Rechtecksform zeichnen, dass man die sie bezeichnenden Punkte in einer Zeile aneinander reiht. Es entsteht ein Rechteck der „Höhe" 1 und mit der Anzahl ihrer Punkte als „Länge". Oft sind aber auch andere Darstellungen als Rechteckzahlen möglich. Zum Beispiel bei $4 = 2 \times 2$ als Quadratzahl mit 2 als „Höhe" und „Länge"; darum heißt 2 ein *echter Teiler* von 4. Ebenso heißen wegen der Darstellungen $6 = 2 \times 3$, $8 = 2 \times 4$, $9 = 3 \times 3$, $10 = 2 \times 5$, $12 = 2 \times 6 = 3 \times 4$ die Zahlen 2 und 3 echte Teiler von 6, die Zahlen 2 und 4 echte Teiler von 8, die Zahl 3 ein echter Teiler von 9, die Zahlen 2 und 5 echte Teiler von 10 und die Zahlen 2, 3, 4 und 6 echte Teiler von 12.

Jede Zahl besitzt 1 und sich selbst als Teiler. Allerdings sind diese beiden Teiler völlig uninteressant. Denn bei einer Teilung durch 1 wird die Zahl in Wahrheit überhaupt nicht geteilt, und eine Teilung der Zahl durch sie selber liefert einfach nur 1 als Ergebnis. Darum sind 1 und die Zahl selber keine *echten* Teiler. Euklid unterscheidet nun drei Arten von Zahlen: Zunächst die *Einheit,* d. h. die Zahl 1, dann die *Primzahlen,* welche *keine* echten Teiler besitzen, und schließlich die *zusammengesetzten Zahlen,* die mindestens einen echten Teiler haben. In der Liste der Zahlen von 1 bis 12 sind 1 die Einheit, 2, 3, 5, 7, 11 die Primzahlen und 4, 6, 8, 9, 10, 12 die zusammengesetzten Zahlen. Anders ausgedrückt: Eine von 1 verschiedene Zahl ist genau dann Primzahl, wenn die simple Aneinanderreihung der Anzahl ihrer Punkte in einer Zeile die einzige Darstellungsmöglichkeit dieser Zahl in Rechtecksform ist.

Die Primzahlen zwischen 1 und 100 lauten:

$$2, 3, 5, 7, 11, 13, 17, 19, 23, 29, 31, 37, 41$$
$$43, 47, 53, 59, 61, 67, 71, 73, 79, 83, 89, 97.$$

Man vermisst in dieser Liste Regelmäßigkeiten oder irgendein Gesetz, nach dem diese Folge gebildet wird. Dieses sporadische Auftreten der Primzahlen setzt sich auch weiterhin fort: So klafft zwischen den aufeinanderfolgenden Primzahlen 1913 und 1931 eine ziemlich große Lücke. Die Primzahl 1933 schließt aber fast unmittelbar an. Zur nächsten Primzahl 1949 tritt wieder eine erhebliche Lücke auf, während die Primzahl 1951 wieder fast unmittelbar anschließt. (Weil 2 alle geraden Zahlen teilt, sind bis auf 2 alle Primzahlen ungerade. Aufeinander folgende Primzahlen müssen sich daher mindestens um 2 unterscheiden. Unterscheiden sie sich, wie bei 17 und 19, bei 71 und 73 oder bei 1949 und 1951 wirklich nur um 2, nennt man diese Primzahlpaare *Primzahlzwillinge.*)[8]

Warum sind Primzahlen so interessant? Betrachten wir das Reich der Zahlen allein aus der Sicht der *Addition,* ist es in einem Schritt erfasst: Indem man mit der Nennung von 1 beginnt und mit der Hinzufügung von 1 von einer Zahl zu ihrer nachfolgenden gelangt, kommt man schließlich zu jeder Zahl: So ist 2 der Nachfolger von 1, 3 der Nachfolger von 2, 4 der Nachfolger von 3 und so weiter. Die in der pythagoräischen Zahlensymbolik bunte Vielfalt der Zahlen entgleitet in die Schattenwelt einer öden, grauen, nie endenden Einerreihe.

Ganz anders ist es, wenn man das Zahlenreich aus der Sicht der *Multiplikation* betrachtet. Hier sind die Primzahlen die tragenden Elemente: Ähnlich wie in der

Chemie, wo jeder Stoff entweder eine Verbindung aus Elementen oder selbst ein chemisches Element ist. Wasser setzt sich zum Beispiel aus den Elementen Wasserstoff und Sauerstoff zusammen, Kochsalz aus den Elementen Natrium und Chlor, während zum Beispiel Quecksilber oder Schwefel chemisch unzerlegbare Elemente sind. Genauso sind in der Mathematik die von 1 verschiedenen Zahlen entweder zusammengesetzte Zahlen oder Primzahlen. Eine zusammengesetzte Zahl kann man als ein Produkt von Primzahlen auffassen:

Betrachten wir das Beispiel der Zahl 60. Der *kleinste* echte Teiler von 60 ist 2, offensichtlich eine Primzahl. Wir dividieren 60 : 2 = 30 und erhalten die zusammengesetzte Zahl 30. Der *kleinste* echte Teiler von 30 ist wieder die Primzahl 2. Wieder dividieren wir 30 : 2 = 15 und erhalten die zusammengesetzte Zahl 15. Der kleinste echte Teiler von 15 ist 3, ebenfalls eine Primzahl. Bei der Division 15 : 3 = 5 ergibt das Resultat 5 ebenfalls eine Primzahl, die keine echten Teiler mehr hat. Deshalb ist

$$60 = 2 \times 2 \times 3 \times 5$$

ein Produkt von Primzahlen.

Diese Überlegung gilt ganz allgemein: Der *kleinste* echte Teiler einer zusammengesetzten Zahl *muss* eine Primzahl sein. (Wäre er nämlich eine zusammengesetzte Zahl, hätte er selbst einen echten Teiler, der noch ein kleinerer echter Teiler der ursprünglichen Zahl wäre.) So kann man immer durch die jeweils kleinsten echten Teiler der Reihe nach dividieren, bis das Ergebnis der Division selbst zu einer Primzahl führt. Wir fassen diese Überlegung noch einmal zusammen:

Jede von 1 verschiedene Zahl ist entweder selbst Primzahl oder kann in ein Produkt von Primzahlen zerlegt werden[9].

An dieser Stelle muss die Geschichte von den Zwillingen erzählt werden, die in dem wunderbaren Buch *Der Mann, der seine Frau mit einem Hut verwechselte* des bekannten Neurologen Oliver Sacks ausführlich geschildert wird: John und Michael sind zwei geistig behinderte, autistische Zwillinge, schon in ihrem auffälligen Aussehen als retardierte Menschen erkennbar und in jeder Beziehung wahrhafte Einfaltspinsel. Ihre mathematischen Fähigkeiten gehen über einfache Additionen und Subtraktionen nicht hinaus. Was Multiplizieren oder Dividieren bedeutet, kann man ihnen nicht begreiflich machen. Trotzdem wurden sie als Attraktionen in Shows bekannt, weil sie imstande waren, in Blitzesschnelle den Wochentag eines beliebigen Datums in einem Zeitraum von 80 000 Jahren anzugeben und sogar die Ostertermine in diesen Zeiten genau zu lokalisieren. Das Publikum und die meisten betreuenden Ärzte und Pfleger deuteten dies als eine ungeheuerliche, bei Autisten aber bisweilen anzutreffende Gedächtnisleistung dieses Zwillingpaares. Oliver Sacks erkannte hingegen in seinen Untersuchungen, dass dahinter mehr verborgen lag: In einer der Sitzungen mit John und Michael fiel eine Streichholzschachtel zu Boden, beide Zwillinge riefen gleichzeitig „Hundertelf", danach sagte John dreimal hintereinander „Siebenunddreißig". Tatsächlich zählte Oliver Sacks 111 Streichhölzer am Boden. Auf seine Frage, wie sie so schnell zählen konnten, antworteten die Zwillinge, sie hätten nicht gezählt, sondern die Zahl 111 *gesehen.* „Warum habt ihr 37 gemurmelt und das zweimal wiederholt?" fragte Oliver Sacks. In ihrem stupidem Gehabe antworteten die Zwillinge im Chor: „Siebenunddreißig, siebenunddreißig, siebenunddreißig; hundertelf". Dies war ihre unbeholfene Erklärung, dass sie die Zerlegung der zusammengesetzten Zahl 111 = 3 × 37 in die Primzahlen 3 und 37 *unmittelbar gesehen* haben.

Die Geschichte geht noch rätselhafter weiter: Als Oliver Sacks die Zwillinge bei der nächsten Sitzung antraf, fand er sie in einem Gespräch vertieft. Dieses höchst eigenartige Gespräch bestand darin, dass John eine sechsstellige Zahl nannte, Michael diese Zahl hörte und sie augenscheinlich *genoss,* wie ein Connaisseur einen guten Tropfen Bordeaux, und danach eine andere sechsstellige Zahl an John weitergab. So setzte sich der Dialog stundenlang fort. Wie Oliver Sacks feststellte, handelte es sich bei den Zahlen *ausschließlich um Primzahlen!* Bei der nächsten Sitzung konnte sich der Neurologe, bewaffnet mit einer Primzahlenliste, an dem „Gespräch" beteiligen, indem er selbst eine achtstellige Primzahl in den Dialog einwarf: Beide Zwillinge waren zunächst hoch erstaunt, rezipierten die Zahl mit offensichtlichem Gefallen und antworteten nach minutenlangem Nachsinnen mit zehnstelligen Primzahlen, ja sogar mit zwölfstelligen Zahlen (von denen Oliver Sacks annahm, dass es auch Primzahlen waren; seine Tabelle reichte jedoch nicht so weit). All dies vermochten die Zwillinge, obwohl ihnen keine über primitive Additionen hinausgehenden mathematischen Fertigkeiten zugänglich waren.

Der einzige unbeholfene Versuch einer rationalen Erklärung dieses Phänomens beruht meines Erachtens darin, dass sich die Zwillinge jede Zahl intuitiv als Rechtecksmuster, bestehend aus der Anzahl ihrer Punkte, vorstellen. Bei ihrer enormen Gedächtnisleistung gelingt ihnen dies sogar bei Zahlen in der Größenordnung von Milliarden und Billionen. Wenn mit der Ausnahme der simplen Aneinanderreihung der Punkte in einer Zeile kein weiteres Rechtecksmuster vollständig von der genannten Zahl aufgefüllt werden kann, empfinden dies die Zwillinge in ihrer skurril versponnenen Zahlenwelt als „schön" – genau dies aber sind die Primzahlen. Auch die extrem unbeholfenen Erklärungsversuche der Zwillinge und das Augenspiel, das Oliver Sacks bei ihren Aktivitäten registrierte, deutet darauf hin, dass Zahlen bei den Zwillingen visuelle Eindrücke hervorrufen. Zusammengesetzte Zahlen wie 111 „sehen" sie unmittelbar als Produkte von Primzahlen – ein starkes Indiz für die Tatsache, dass es sich bei der Zerlegung von zusammengesetzten Zahlen in Primzahlen um eines der fundamentalsten Gesetze der Mathematik überhaupt handelt.

Die Primzahlen sind in der Arithmetik aus multiplikativer Sicht das, was in der Chemie die chemischen Elemente darstellen. Die Chemie kennt nur etwas mehr als hundert verschiedene Elemente. Es liegt nahe zu fragen, wie viele Primzahlen es gibt. Die Zwillinge John und Michael kennen zwar zehn-, vielleicht sogar zwölfstellige Primzahlen, doch sie würden die Frage, ob es gar tausend- oder hunderttausendstellige Primzahlen gibt, nicht verstehen. Findet die Aufzählung aller Primzahlen irgendwann ein Ende? Auf diese Frage fand Euklid im neunten „Buch" seiner Elemente auf bestechend geniale Weise die Antwort:

Angenommen, jemand legte eine Tabelle von Primzahlen vor und behauptet, darin wären alle Primzahlen verzeichnet. Offenbar gibt es sehr viele Primzahlen, die

Tabelle müsste sicher enorm sein – aber dennoch: Nehmen wir an, es gelänge, in einer Tabelle *von endlich vielen* Zahlen *alle* Primzahlen zu erfassen. Nun schlägt Euklid Folgendes vor: Alle Zahlen in der Primzahlentabelle werden miteinander multipliziert und zu dem Ergebnis wird 1 addiert. Als Resultat erhält man mit Sicherheit eine wahrhaft gigantische Zahl, die wir N nennen wollen. N ist sicher größer als die größte Zahl der Tabelle. Folglich dürfte N keine Primzahl sein, wäre also eine zusammengesetzte Zahl. Dann müsste N durch eine Primzahl teilbar sein. Aber *keine* Primzahl der Tabelle kann N teilen, weil *bei jeder Division von N durch eine Primzahl der Tabelle der Rest 1 verbleibt.* Also ist N entweder selbst eine Primzahl, die in der Tabelle nicht aufscheint, oder als zusammengesetzte Zahl durch Primzahlen teilbar, die in der Tabelle nicht vorkommen. Darum – so Euklid – kann keine Primzahlentabelle jemals *alle* Primzahlen erfassen.

Verdeutlichen wir diese Überlegung an einem konkreten Beispiel: Angenommen, wir würden nur

$$2, 3, 5, 7$$

als Primzahlen kennen. Dann berechnen wir im Sinne Euklids die Zahl

$$2 \times 3 \times 5 \times 7 + 1 = 210 + 1 = 211.$$

Offensichtlich ist 211 weder durch 2, noch durch 3, noch durch 5, noch durch 7 teilbar, darum sind 2, 3, 5, 7 sicher *nicht alle* Primzahlen. Tatsächlich erweist sich 211 selbst als Primzahl. An einem anderen Beispiel demonstriert: Angenommen, wir würden nur

$$2, 3, 5, 7, 11, 13$$

als Primzahlen kennen. Wieder berechnen wir im Sinne Euklids die Zahl

$$2 \times 3 \times 5 \times 7 \times 11 \times 13 + 1 = 30030 + 1 = 30031$$

und stellen fest, dass sie keine der oben genannten Primzahlen teilt. Daher ist 30 031 entweder selbst eine neue Primzahl oder durch Primzahlen teilbar, die in unserer Tabelle noch fehlen. (In der Tat ist 30 031 = 59 × 509 eine zusammengesetzte Zahl, die Primzahlen 59 und 509 fehlen in der obigen Tabelle.)

Es gibt mehr Primzahlen als je eine Primzahlentabelle aufzuzählen vermag. So sagt es Euklid in seinem Buch. Heutzutage formuliert man diese Erkenntnis kürzer: *Es gibt unendlich viele Primzahlen.* Mit diesem Satz wäre Euklid nicht ganz einverstanden, denn das „es gibt" in ihm suggeriert, dass wir gleichsam einen Katalog *aller unendlich vielen* Primzahlen zur Verfügung hätten[10]. Davon kann keine Rede sein. Bis heute kennen wir nur endlich viele Primzahlen, und obwohl die immer effektiver arbeitenden Rechenmaschinen stets neue, riesige Primzahlen berechnen, werden wir wohl nie in der Lage sein, eine vollständige Übersicht über *alle* Primzahlen zu besitzen[11].

War im ersten Kapitel das Unendliche eine *stete Wiederkehr des Gleichen*, empfinden wir in der Unendlichkeit der Primzahlen das Unendliche in einer tieferen Intensität: Jede neu gefundene Primzahl ist ein neues Individuum im Zahlen-Universum – und *die Liste dieser Individuen bleibt unerschöpflich.*

Archimedes und die unendliche Erschöpfung

„Heureka, ich hab's gefunden!" Splitternackt, offensichtlich aus dem Bad gesprungen, läuft Archimedes durch die Straßen von Syrakus und ruft voll Freude: „Heureka, ich hab's gefunden!"

Die Syrakuser kennen ihren Mitbürger Archimedes gut. Auch diesen scheinbaren Anfall von Verrücktheit nehmen sie ihm nicht krumm, denn sie wissen: Er hat wieder tagelang über einem wichtigen mathematischen Problem gebrütet und dürfte plötzlich jetzt, im Bade, auf die Lösung gestoßen sein. Archimedes wird in Syrakus hoch geschätzt. König Hieron II. berief ihn zum obersten Ingenieur und als solcher hat er sich um die Bewässerung und um den Verkehr in der Stadt verdient gemacht. Den Bau des als Weltsensation bestaunten größten Schiffes der Antike, der 3000 Tonnen fassenden *Syracusia*, hat Archimedes geleitet. Dieses Riesenschiff diente zugleich als Getreidefrachter, als Luxusjacht und als Kriegsschiff. Die aufsehenerregendste Leistung war der von Archimedes allein mit Hilfe einer mechanischen Vorrichtung vollzogene Stapellauf des Schiffes, denn das Schiff war für jeden antiken Hafen außer dem von Alexandria zu groß. Da verzeiht man ihm seine Marotten, den drolligen Drang, ständig mathematische Rätsel lösen zu wollen. Der Historiker Plutarch erzählt,

> dass er im Banne einer ihm wesenseigenen, stets in ihm wirksamen Verzauberung sogar das Essen vergaß, jede Körperpflege unterließ, und – wenn er mit Gewalt dazu gebracht wurde, sich zu salben und zu baden – geometrische Figuren auf die Kohlenbecken malte und, wenn sein Körper gesalbt war, mit Fingern Linien darauf zog, ganz erfüllt von einem reinen Entzücken und wahrhaft von seiner Muse besessen.

Der Vater des um das Jahr 280 v. Chr. geborenen Archimedes war der Astronom Phidias; die in Syrakus angesehene Familie stand dem Herrschergeschlecht der Stadt recht nahe. Auch Archimedes beschäftigte sich eingehend mit der Astronomie, seine bedeutendsten Errungenschaften gehören jedoch in das Gebiet der Mathematik und der Ingenieurkunst. Wir sind uns wegen seiner Freundschaft zu dem alexandrinischen Universalgelehrten Eratosthenes und wegen seiner regen Korrespondenz mit alexandrinischen Kollegen sicher, dass Archimedes um 260 v. Chr. Studienjahre

© Springer-Verlag GmbH Deutschland, ein Teil von Springer Nature 2022
R. Taschner, *Das Unendliche*, https://doi.org/10.1007/978-3-662-64544-4_3

im Museion von Alexandria verbracht hat. Die Ägypter behaupten sogar, er hätte in Alexandria die sogenannte Wasserschraube erfunden:

Archimedes. (Quelle: Bildarchiv d. ÖNB, Wien)

Archimedes wunderte sich über die ungeheuren Anstrengungen, die Menschen und Tiere auf sich nahmen, um das Wasser des Nils in die unzähligen Bewässerungskanäle Ägyptens zu pumpen. Er beschloss, die primitiven Pumpen, die seit Tausenden von Jahren in Verwendung waren, zu verbessern. Die von ihm erfundene Wasserpumpe arbeitete wie die Schraube eines Fleischwolfs: Eine sich in einem zylindrischen Rohr drehende Schnecke befördert das Wasser von der Tiefe in die Höhe. Dabei wurde die Schnecke über ein Schaufelrad von der Strömung des Nils selbst angetrieben: Der Fluss beförderte sich durch seine eigene Kraft in die Höhe.

Die meiste Zeit seines langen Lebens verbrachte Archimedes in seiner Heimat Syrakus. Als römische Truppen im Gefolge des zweiten Punischen Krieges die Stadt belagerten, bewährte sich die Ingenieurkunst des Archimedes in der Verteidigung von Syrakus: Dass er mit riesigen Parabolspiegeln das Sonnenlicht auf die Segel der römischen Kriegsschiffe lenkte und so diese in Brand setzte, ist wohl eine Legende. Verbürgt ist hingegen, dass er Katapulte konstruierte, die halbtonnenschwere Felsbrocken in Richtung der Römerboote warfen; dass er Kräne erfand, deren Greifhaken die Römerschiffe aus dem Meer holten, die Mannschaften über Bord gehen ließen und die Schiffe an der Hafenmauer zerschmetterten. Dabei betrachtete Archimedes diese Kriegsmaschinen bloß „als Nebenprodukte einer sich spielerisch betätigenden Mathematik". Zwei Jahre lang konnte sich Syrakus der römischen Übermacht erwehren. Im Jahre 212 v. Chr. gelang es dem Feldherrn Marcellus, die Stadt von der Landseite her einzunehmen. Marcellus wollte Archimedes lebendig ausgeliefert wissen – jede Streitmacht ist an einem so erfindungsreichen Ingenieur interessiert. Der römische Soldat, der Archimedes auffand, trat in eine geometrische Figur, die der geniale Mathematiker in den Sand seines Hofes gezeichnet hatte. „Störe meine Kreise nicht", soll Archimedes den Soldaten angeherrscht haben. Der barbarische Römer zog sofort beleidigt das Schwert – Archimedes bat noch um ein paar Minuten Zeit, um den geometrischen Beweis zu Ende zu führen – der brutale Krieger erschlug ihn aber sofort.

All seine Erfindungsgabe erachtete Archimedes im Vergleich zu seinen mathematischen Abhandlungen als gering. Plutarch schildert die wissenschaftliche Einstellung des Archimedes mit den folgenden bewegenden Worten:

> Er war so geistreich, so gemütvoll, so gebildet, dass er es immer abgelehnt hat, auch nur eine einzige Aufzeichnung über seine Erfindungen zu hinterlassen, obwohl diese ihm den Ruhm einer übermenschlichen Weisheit eingebracht haben. Nein, er sah in der Ingenieurkunst nichts wirklich Wertvolles, und er hielt wenig von einer Beschäftigung, die allein auf praktische Nützlichkeit abzielt. Sein Ehrgeiz und seine ganze Liebe galten solchen reinen Spekulationen, die völlig frei von den vulgären Bedürfnissen des täglichen Lebens sind. Er widmete sich allein solchen Themen, deren Überlegenheit über alle anderen außer Frage steht und bei denen wir nur *einen* Zweifel hegen können: Ob die Schönheit und Großartigkeit des zu erforschenden Problems oder ob die Exaktheit und die Eleganz der Beweisführung unsere größere Bewunderung verdienen.

Die wohl beeindruckendste mathematische Leistung des Archimedes bestand in seiner Fähigkeit, von krummen Linien begrenzte Flächeninhalte zu berechnen. Seine Methode war dabei außerordentlich kunstvoll, immer der jeweiligen Problemstellung geschickt angepasst und selbst für begabte Leser nicht immer leicht zu verstehen. So soll selbst Galilei beklagt haben, dass er den Schriften des Archimedes kaum folgen könne. Wenn wir daher zwei Beispiele seiner Flächenberechnungen vorführen, ist es klar, dass wir nicht jedes einzelne Detail begründen, sondern allein die Grundzüge herausarbeiten.

Eine der neben dem Kreis in der Antike am besten bekannten gekrümmten Linien war die *Parabel*. Es handelt sich um eine, zu einer geradlinigen *Achse* symmetrische Kurve, die im Schnittpunkt mit der Achse, dem sogenannten *Scheitel*, die größte Krümmung besitzt und dann mit zunehmendem Abstand vom Scheitel auch an Krümmung verliert. Ein bestimmter, auf der Achse der Parabel befindlicher Punkt heißt ihr *Brennpunkt*. Der Name begründet sich aus folgendem Phänomen: Denken wir uns die Parabel an der „Innenseite" verspiegelt und in den Brennpunkt eine leuchtende Lampe gestellt, dann werden alle auf den Parabolspiegel gerichteten Lichtstrahlen der Lampe als zur Achse parallele Strahlen reflektiert (Abb. 3.1). Diese Eigenschaft der Parabel ist auch heute für die Scheinwerfertechnik von großer Bedeutung. Umgekehrt wird ein Lichtbündel, bestehend aus zur Parabelachse parallelen Strahlen, nach der Spiegelung am Parabolspiegel im Brennpunkt fokussiert. Wir erinnern uns, dass man Archimedes nachsagte, mit Hilfe dieses Prinzips die Schiffe der belagernden Römer entzündet zu haben.

Betrachten wir nur jenen Teil einer Parabel, der zwischen zwei Punkten B und C auf ihr liegt. Wir verbinden B und C durch eine Strecke und erhalten so ein *Parabelsegment* genanntes Flächenstück, das eben von dieser geraden Strecke und dem krummen Parabelbogen begrenzt wird. Archimedes ermittelte nun jenen Parabelpunkt A auf dem Bogen, bei dem die durch A gezogene, zur Strecke durch B und C *parallele* Gerade eine *Tangente* an die Parabel ist. Das heißt, diese Gerade durch A *berührt* die Parabel nur in diesem einen Punkt A (Abb. 3.2). Nun behauptet Archimedes:

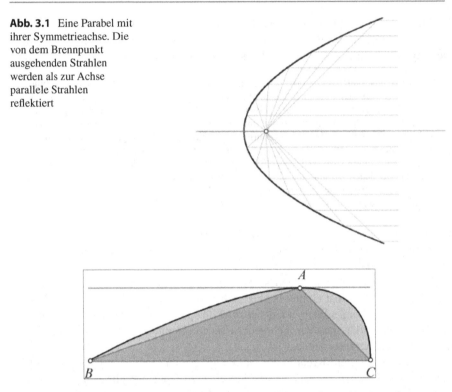

Abb. 3.1 Eine Parabel mit ihrer Symmetrieachse. Die von dem Brennpunkt ausgehenden Strahlen werden als zur Achse parallele Strahlen reflektiert

Abb. 3.2 Archimedes behauptet, dass das von *B* und *C* begrenzte Parabelsegment eine um den Faktor 4/3 größere Fläche hat als das Dreieck mit den Ecken *A, B, C*

Der Flächeninhalt des Parabelsegments verhält sich zum Flächeninhalt des ein- geschriebenen Dreiecks mit den Ecken A, B und C genauso wie 4 zu 3.

Der Flächeninhalt des Parabelsegments soll also 4/3 mal so groß sein wie der Flächeninhalt des besagten Dreiecks. Anders ausgedrückt: Wenn man aus einer Platte feinsten Holzes einerseits ein Stück mit dem genauen Umriss des Parabel- segments und andererseits ein Stück mit dem genauen Umriss des Dreiecks sägt und an die Balken einer Hebelwaage hängt, dann ist die Waage nach dem (von Archime- des immer wieder in seinen Erfindungen herangezogenen) Hebelgesetz im Gleich- gewicht, wenn das Parabelsegment auf der einen Seite drei Dezimeter und das Drei- eck auf der anderen Seite vier Dezimeter von der Waagachse der Hebelwaage entfernt sind. Wir wissen nicht, ob Archimedes diesen Versuch wirklich durch- geführt hat. Undenkbar ist es im Hinblick auf seine praktische Erfindungsgabe nicht. Jedoch hätte er sich strikt geweigert, dies als Begründung seiner These zuzu- lassen: Was hat die schnöde Materie des Holzes mit der Klarheit einer mathemati- schen Aussage zu schaffen?

Bei der exakten Beweisführung geht Archimedes ganz anders vor: Er halbiert die Strecke von *B* zu *C* und nennt den Halbierungspunkt *M*. Sodann halbiert er die bei- den Teilstrecken von *B* zu *M* und von *M* zu *C* nochmals und nennt die Halbierungspunkte jeweils *E* und *F*. Durch diese Punkte *E* und *F* legt er nun jeweils die Parallelen zu jener Geraden, die durch *A* und *M* verläuft. Die beiden Parallelen schneiden den Parabelbogen in den Punkten *G* und *H* (Abb. 3.3).

Wie Archimedes aufgrund der jeder Parabel innewohnenden Gesetzmäßigkeit beweisen konnte, ist die durch *G* laufende Parallele zur Seite durch *A* und *B* wieder eine Parabel*tangente* und auch die durch *H* laufende Parallele zur Seite durch *A* und *C* ist eine Parabel*tangente*. Ferner erweist es sich, dass das große Dreieck mit den Ecken *A*, *B*, *C* genau einen viermal so großen Flächeninhalt besitzt wie die beiden kleinen Dreiecke mit den Ecken *G*, *B*, *A* und *H*, *A*, *C* zusammen. Diese beiden Feststellungen genügten Archimedes, um den Beweis des obigen Satzes zu Ende zu führen:

Seine Idee war schlicht die folgende: So wie das große Dreieck mit den Ecken *A*, *B*, *C* in das von *B* und *C* begrenzte Parabelsegment eingeschrieben ist, sind analog das Dreieck mit den Ecken *G*, *B*, *A* in das von *B* und *A* begrenzte Parabelsegment und das Dreieck mit den Ecken *H*, *A*, *C* in das von *A* und *C* begrenzte Parabelsegment eingeschrieben. Daher kann man die Konstruktion von vorher bei diesen beiden kleineren Dreiecken wiederholen: Wir erhalten in den von *B* und *G*, von *G* und *A*, von *A* und *H* und von *H* und *C* begrenzten Parabelsegmenten nun vier noch kleinere Dreiecke. Deren vier Flächeninhalte ergeben addiert wieder genau ein Viertel des von den beiden vorherigen Dreiecken zusammengefassten Flächeninhalts, folglich genau ein Sechzehntel des Flächeninhalts des großen Dreiecks mit den Ecken *A*, *B*, *C*. Selbstverständlich kann man die Konstruktion noch einmal wiederholen, dann noch einmal, dann noch einmal und dies *ohne Ende*. Man nennt die von Archimedes betriebene Methode die der *Exhaustion*, d. h. übersetzt: der Ausschöpfung: Tatsächlich wird mit dem nie endenden Aufeinandertürmen von Dreiecken schließlich jeder Punkt im Inneren des Parabelsegments von einem der Dreiecke erfasst, das Parabelsegment von der unendlichen Dreieckskaskade regelrecht „ausgeschöpft". Überlegen wir uns, welche Anteile des Flächeninhalts des ursprünglichen Dreiecks mit den Ecken *A*, *B*, *C* wir im Zuge dieser „Ausschöpfung" ansammeln: Im ersten Schritt haben wir nur das ursprüngliche Dreieck selbst vorliegen, hier ist der Anteil einfach

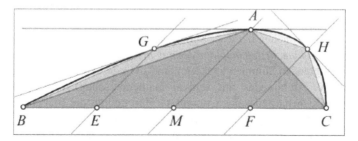

Abb. 3.3 Der mathematische Beweis des Archimedes: Die beiden aufgesetzten Dreiecke mit den Ecken *A*, *B*, *G* und *A*, *C*, *H*, haben zusammen nur ein Viertel der Fläche des ursprünglichen Dreiecks mit den Ecken *A*, *B*, *C*

1.

Im nächsten Schritt kommen die beiden Dreiecke mit einer Gesamtfläche hinzu, die einem Viertel des ursprünglichen Dreiecks entspricht. Also ist nun der Gesamtanteil

$$1 + \frac{1}{4} = \frac{5}{4}.$$

Im dritten Schritt kommen vier Dreiecke hinzu, deren gesamter Flächeninhalt nunmehr ein Sechzehntel vom Inhalt des ursprünglichen Dreiecks ausmacht. Daher lautet nach diesem Schritt der Gesamtanteil:

$$1 + \frac{1}{4} + \frac{1}{16} = \frac{21}{16}.$$

So geht dies ständig weiter: Im vierten Schritt sind es acht Dreiecke, die wegen $4 \times 16 = 64$ in Summe nur mehr 1/64 vom Inhalt des ersten Dreiecks aufbringen, so dass wir nun bei einem Gesamtanteil von

$$1 + \frac{1}{4} + \frac{1}{16} + \frac{1}{64} = \frac{85}{64}$$

halten. Es ist klar, dass der fünfte Schritt zu

$$1 + \frac{1}{4} + \frac{1}{16} + \frac{1}{64} + \frac{1}{256} = \frac{341}{256},$$

der sechste Schritt zu

$$1 + \frac{1}{4} + \frac{1}{16} + \frac{1}{64} + \frac{1}{256} + \frac{1}{1024} = \frac{1365}{1024}$$

führt und dies endlos so weitergeht.

Was nun Archimedes zur Vollendung seines Beweises behauptet, ist, dass die *unendliche* Summe genau zum gewünschten Wert von 4/3 führt:

$$1 + \frac{1}{4} + \frac{1}{16} + \frac{1}{64} + \frac{1}{256} + \frac{1}{1024} + \cdots = \frac{4}{3}.$$

Die scheinbar harmlosen drei Punkte … stellen in dieser Formel etwas Unerhörtes dar: Wir stellen uns gleichsam vor, dass wir *alle unendlich vielen* immer kleiner werdenden Dreiecksflächen in dieser Summe aufaddieren! Wie sollte das gelingen? *Keine Rechenmaschine, kein Computer vermag dies,* denn die Eingabe der in jedem Schritt neu auftretenden Summanden kommt nie zu Ende, selbst wenn sie sekundenschnell erfolgte. Archimedes mit seinem mathematischen Witz überlistet die stumpfsinnige Rechenarbeit jedes Computers. Ihm gelingt die Berechnung dieser unendlichen Summe aufgrund der folgenden brillanten Idee:

Untersuchen wir, wie viel nach jedem einzelnen Schritt bei der jeweiligen Summe noch auf 4/3 fehlt: Nach dem ersten Schritt sind es

$$\frac{4}{3} - 1 = \frac{1}{3},$$

nach dem zweiten Schritt sind es

$$\frac{4}{3} - \frac{5}{4} = \frac{1}{12} = \frac{1}{3 \times 4},$$

nach dem dritten Schritt sind es

$$\frac{4}{3} - \frac{21}{16} = \frac{1}{48} = \frac{1}{3 \times 16},$$

nach dem vierten Schritt sind es

$$\frac{4}{3} - \frac{85}{64} = \frac{1}{192} = \frac{1}{3 \times 64},$$

nach dem fünften Schritt sind es

$$\frac{4}{3} - \frac{341}{256} = \frac{1}{768} = \frac{1}{3 \times 256},$$

nach dem sechsten Schritt sind es

$$\frac{4}{3} - \frac{1365}{1024} = \frac{1}{3072} = \frac{1}{3 \times 1024}.$$

Es ist klar, wie dies fortgesetzt wird. Wir sehen, dass die Unterschiede mit jedem Schritt immer kleiner werden. Nun argumentiert Archimedes so: Der Flächeninhalt des Parabelsegments kann einerseits sicher *nicht größer* als das 4/3-fache des Flächeninhalts des ersten Dreiecks sein, denn dann müsste nach irgendeinem Schritt in der Berechnung der obigen Summen einmal der Wert 4/3 übertroffen werden. Dies aber ist klarerweise nicht der Fall; alle Summen ergeben von 4/3 abgezogen eine positive Differenz.

Andererseits kann der Flächeninhalt des Parabelsegments auch sicher *nicht kleiner* als das 4/3-fache des Flächeninhalts des ersten Dreiecks sein. Denn wäre dies der Fall und wäre der Unterschied zwischen dem Parabelsegment und dem 4/3-fachen des ersten Dreiecks auch noch so klein – aber positiv! – immer würde ihn einer der immer kleiner werdenden unendlich vielen Brüche

$$\frac{1}{3}, \frac{1}{12}, \frac{1}{48}, \frac{1}{192}, \frac{1}{768}, \frac{1}{3072}, \dots$$

unterlaufen[12]. Die diesem Schritt entsprechende Summe von Dreiecksflächen überträfe dann den Inhalt des Parabelsegments, und dies ist unmöglich.

Damit hat Archimedes seinen Beweis zu Ende gebracht, und in der Tat ist seine Argumentation unübertroffen scharfsinnig. Vor allem ist an ihr zu beachten, dass Archimedes an keiner Stelle mit der „unendlichen Summe" selbst hantierte; ihre Berechnung erfolgte vielmehr *indirekt*. Zwar gibt es[13] eine eleganter scheinende *direkte* Berechnung dieser „unendlichen Summe", aber es zeigt sich, dass hinter derartigen Rechnungen mit unendlich vielen Summanden fatale logische Abgründe verborgen sind. Archimedes umging sie mit einer bewundernswerten, schlafwandlerischen Sicherheit.

Allerdings musste er dafür einen bestimmten Preis zahlen. Am zweiten Beispiel, der Berechnung der Kreisfläche, wird dies deutlich: Wenn man den Kreisradius an der Kreisperipherie sechsmal hintereinander abschlägt, erhält man die Ecken eines regelmäßigen Sechsecks, das dem Kreise *ein*geschrieben ist. Legt man durch jeden Eckpunkt des Sechsecks die Kreistangenten, bekommt man ein weiteres, größeres Sechseck, das dem Kreise *um*geschrieben ist (Abb. 3.4). Es war für Archimedes keine Kunst, die Flächeninhalte beider Sechsecke zu bestimmen und hieraus zu folgern, dass der Flächeninhalt des Kreises zwischen diesen beiden ermittelten Sechsecksflächeninhalten liegen muss.

Ferner bemühte sich Archimedes um die folgende Berechnung: Wenn *M* den Kreismittelpunkt und *A, B* zwei Punkte auf der Kreisperipherie bezeichnen, legt man durch den Halbierungspunkt *H* der Sehne von *A* zu *B* einen Kreisradius, welcher die Kreisperipherie im Punkt *C* trifft. Es gelang Archimedes, aus dem Flächeninhalt des Dreiecks mit den Ecken *M, A, B* die beiden gleich großen Flächeninhalte der Dreiecke mit den Ecken *M, A, C* und *M, C, B* zu ermitteln (Abb. 3.5). Wie dies genau vor sich geht, ist nicht von entscheidender Bedeutung. Worauf es uns allein ankommt, ist, dass Archimedes mit dieser Methode vom Inhalt des im Kreise eingeschriebenen Sechsecks auf den Inhalt des im Kreise eingeschriebenen Zwölfecks schließen konnte (Abb. 3.6). Vom Inhalt des im Kreise eingeschriebenen Zwölfecks gelangt Archimedes mit der gleichen Methode auf den Inhalt des im Kreise ein-

Abb. 3.4 Die Kreisfläche ist größer als die Fläche des eingeschriebenen Sechsecks und kleiner als die Fläche des umgeschriebenen Sechsecks

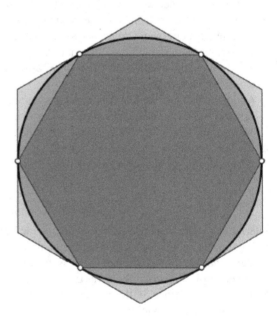

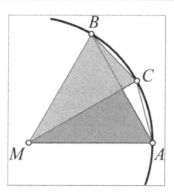

Abb. 3.5 Aus dem Flächeninhalt des Dreiecks, das vom Kreismittelpunkt und der Sehne $\overline{AB}$ gebildet wird, konnte Archimedes den Flächeninhalt des Dreiecks mit den Ecken *M, C, B* ermitteln, das vom Kreismittelpunkt und der Sehne $\overline{BC}$ gebildet wird und dadurch entsteht, dass man die Länge der Sehne $\overline{AB}$ halbiert

Abb. 3.6 Das dem Kreis eingeschriebene Zwölfeck nähert sich der Kreisfläche um vieles besser als das dem Kreis eingeschriebene Sechseck

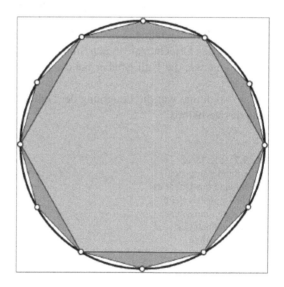

geschriebenen 24-Ecks, danach auf den Inhalt des im Kreise eingeschriebenen 48-Ecks, danach auf den Inhalt des im Kreise eingeschriebenen 96-Ecks.

Schließlich war es für Archimedes nicht schwer, aus dem Inhalt des *ein*geschriebenen Vielecks den Inhalt des *um*geschriebenen Vielecks zu ermitteln. Die Berechnungen selbst gestalteten sich für ihn bis zum 96-Eck jedoch keinesfalls einfach: Die ineinander geschachtelten Formeln wurden sogar für ein Rechentalent wie Archimedes immer undurchschaubarer. Darum brach er seine Berechnungen beim 96-Eck ab und notierte als Ergebnis:

Der Flächeninhalt eines Kreises ist im Vergleich zum Flächeninhalt des Quadrats mit dem Radius als Seite

$$mindestens \; 3+\frac{10}{71} \; und \, höchstens \; 3+\frac{1}{7}$$

mal so groß.

Seit Leonhard Euler (*1707, †1783) bezeichnet man das Verhältnis des Kreis-
flächeninhalts zum Flächeninhalt des Quadrats mit dem Radius als Seite mit dem
griechischen Buchstaben π (Abb. 3.7). Somit kann man sagen, dass die oben angegebenen Zahlenwerte untere und obere Schranken für den Wert von π darstellen.
In eine Formel gefasst:

$$3+\frac{10}{71} < \pi < 3+\frac{1}{7}.$$

Es war bereits Archimedes klar, dass man genauere Schranken für π findet, wenn
man vom 96-Eck zum 192-Eck, zum 384-Eck, zum 768-Eck, … die Berechnungen
fortsetzt. Was ihm – und allen Mathematikern der griechischen Antike – zur praktischen Durchführung fehlte, war die Kenntnis der *Dezimalzahlen.* Die Griechen
kannten nur die Zahlen 1, 2, 3, 4, 5, … und deren Verhältnisse. Von den heutzutage
jedem Schulkind geläufigen Dezimalzahlen hatten sie keine Ahnung. Dies lag
daran, dass den Griechen nie in den Sinn gekommen wäre, die *Null* als *Zahl* ernst zu
nehmen – gerade die Null ist aber bei der Dezimalschreibweise von Zahlen unent-
behrlich.

Ganz so dumm war die Leugnung der Null als Zahl nicht: Denn welchen Wert *a*
sollte das Verhältnis

Abb. 3.7 π ist jener
Faktor, mit der man den
Flächeninhalt des Quadrats
mit dem Radius als Seite
multiplizieren muss, um
den Flächeninhalt des
Kreises zu erhalten

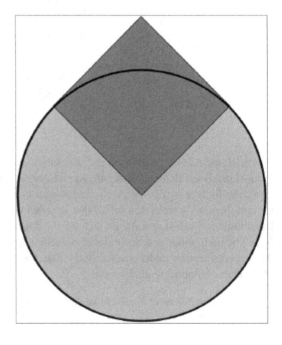

$$a = 1:0$$

darstellen? Wäre $a = 1:0$ ein sinnvoller Ausdruck, müsste $a \times 0 = 1$ sein, und das ist offenkundig unmöglich: Die Multiplikation mit Null ergibt stets Null und nie Eins als Produkt. *Kein a* kann folglich für $a = 1:0$ stehen. Hingegen erfüllt *jedes b* die Beziehung

$$b = 0:0,$$

denn stets stimmt $b \times 0 = 0$. Sowohl $1:0$ als auch $0:0$ bezeichnen *unsinnige* Verhältnisse: Das eine, weil es in sich widersprüchlich ist, das andere, weil es wegen seiner Beliebigkeit nichtssagend ist. Wenn man daher mit der Null rechnen möchte, darf man sie nie in den Nenner eines Verhältnisses schreiben.

Seit der Renaissance waren die Null und damit die Dezimalzahlen, eingeführt von den Arabern, die diese Zahlen ihrerseits von den Indern übernommen hatten, Allgemeingut der europäischen Mathematiker. Divisionen wie

$$3 + \frac{10}{71} = 223:71 = 3.14084507\ldots$$

oder

$$3 + \frac{1}{7} = 22:7 = 3.14285714\ldots$$

konnten in beliebiger Länge nach dem Dezimalpunkt durchgeführt werden. Die Schranken des Archimedes für π kann man daher in Dezimalschreibweise so umschreiben: Sicher gilt

$$3.1408 < \pi < 3.1429.$$

Anders ausgedrückt: Es gilt

$$\pi = 3.14\ldots,$$

wobei alle angegebenen Ziffern stimmen und die nachfolgenden Ziffern, hier bescheiden dargestellt durch drei Punkte, noch verborgen bleiben. Wenn man statt des 96-Ecks ein Vieleck mit viel mehr Ecken heranzieht, welches dem Kreise eingeschrieben und umgeschrieben wird, kann man weitere Ziffern der Dezimalentwicklung von π aus der Dunkelheit ans Licht führen.

Ludolph van Ceulen (*1540, †1610) widmete einen Großteil seines Lebens der Berechnung von π. Er ging vom eingeschriebenen 15-Eck aus und verdoppelte 37-mal die Anzahl der Ecken. Immer wieder ermittelte er die Flächeninhalte der eingeschriebenen Vielecke und bekam so das Resultat

$$\pi = 3.14159\ 26535\ 89793\ 23846\ldots,$$

später sogar das genauere Resultat

$$\pi = 3.14159\ 26535\ 89793\ 23846\ 26433\ 83279\ 50288\ldots,$$

wobei alle angegebenen Ziffern stimmen. Die restlichen Ziffern sind aber immer noch im Dunkel der drei Punkte verborgen. Johann Dase (*1824, †1861), ein geistig retardierter Mensch, offenbar ein Autist, dafür aber ein Rechenkünstler, gelang innerhalb von weniger als zwei Monaten eine Ermittlung von π auf 200 Stellen nach dem Dezimalpunkt. Die genaueste Berechnung von π vor der Zeit der elektronischen Rechenmaschinen geht auf William Shanks (*1812, †1882) zurück: Er berechnete π auf 707 Stellen nach dem Dezimalpunkt – erst 1945 konnte mit einem elektronischen Rechner gezeigt werden, dass ab der 528. Stelle seine Ziffern falsch waren.

Mit elektronischen Rechenmaschinen gelang bisher eine Ermittlung von π auf mehr als eine Billion Stellen genau. Man muss sich bildhaft vorstellen, was dies bedeutet:

Wir denken uns den Ausdruck der Stellen von π auf Buchseiten vorgenommen: In jede Zeile der Buchseite passen – großzügig geschätzt – siebzig Ziffern und die Buchseite selbst hat etwa siebzig Zeilen, so dass – wieder grob geschätzt – ungefähr 5000 Ziffern auf einer Seite unterkommen. Dies bedeutet bei einer Billion Stellen von π noch immer den Umfang von 200 Millionen Seiten, d. h. von 200 000 jeweils tausendseitigen Bänden! Dies ist ein riesiger Saal, voll von Büchern! Und alle Bände bestehen bloß aus den Ziffern von π. Eine gigantische Bibliothek; der erste Band beginnt auf der ersten Seite in der ersten Zeile mit 3.1415926535 ..., und diese wilde Folge von Ziffern setzt sich in völlig undurchschaubarer Weise über alle weiteren Tausende von Seiten fort. Im letzten Band sind die letzten drei Zeichen auf der untersten Zeile der letzten Seite jedoch wieder nur drei Punkte ..., denn noch immer bleiben *unendlich viele* Ziffern von π nach der ersten Billion Ziffern im Dunkel verborgen.

Worum handelt es sich bei π? Ist es ein Zahlenverhältnis, wobei wir die beiden gigantischen Zähler und Nenner noch nicht kennen? Hippasos von Metapont zeigte, dass das Verhältnis von Diagonale zur Seite des Pentagramms *kein* Verhältnis ganzer Zahlen ist. Ähnlich konnte Johann Heinrich Lambert (*1728, †1777) beweisen, dass das Verhältnis π der Fläche des Kreises zur Quadratfläche mit dem Radius als Seite sicher *kein* Verhältnis ganzer Zahlen ist. Wie können wir diese Größe π dann überhaupt verstehen? All diese Fragen ließ Archimedes unbeantwortet. Wir dürfen vermuten, dass ihm das Geheimnis von π zu schaffen machte. Eine naheliegende Lösung, sich den Kreis als ein „Unendlicheck" vorzustellen, in dem jeder Punkt der Kreisperipherie gleichsam als Eckpunkt mit einer „unendlich kurzen" Seite zum „nächsten" Eckpunkt gedeutet wird, lehnte er jedoch bestimmt ab[14]. Weder Archimedes, noch irgendein anderer Mathematiker der griechischen Antike wagte den direkten Blick mitten in das Unendliche hinein. Erst die moderne europäische Mathematik scheute nicht davor zurück.

Newton und die Unendlichkeit in der Bewegung

4

Fast genau ein Jahr nach dem Tod des italienischen Physikers Galileo Galilei erblickte Isaac Newton am 4. Januar 1643 in dem bei Grantham gelegenen Dorf Woolsthorpe das Licht der Welt. Seine Eltern betrieben in Woolsthorpe eine Landwirtschaft, der Vater starb noch vor der Geburt seines Sohnes. Seine Mutter, die Großmutter und ein Onkel mütterlicherseits erkannten bald, dass Isaac nicht zum Bauern taugte: Schon bei der Geburt war er winzig und schwach; man befürchtete, er würde nur wenige Tage leben. Als Kind bastelte und las er am liebsten; er konstruierte unter anderem Laternen mit Drachen, die nachts die abergläubischen Nachbarn erschreckten. Seine Verwandten beschlossen, ihn nach Grantham in die Lateinschule zu schicken. 1661 trat er an der Universität Cambridge in das Trinity College ein und wurde Schüler des bedeutenden Mathematikers und Theologen Isaac Barrow (*1630, †1677).

Newton war sich seiner mathematischen Begabung gar nicht so sicher. Am meisten müssen wir daher Barrow danken, dass er Newtons Talent entdeckte und seinen Schüler förderte, wo er nur konnte. 1669 gab Barrow seinen mathematischen Lehrstuhl auf. Er wurde Hofprediger des englischen Königs und empfahl der Universität, Newton, „ein unvergleichliches Genie", als seinen Nachfolger zu berufen. Dabei hatte Newton bisher noch nichts veröffentlicht. Einzig Barrow kannte das Manuskript einer mathematischen Abhandlung. Barrows Empfehlung wurde entsprochen, und Newton lehrte fortan bis 1696 am Trinity College.

Newton war ein kümmerlicher Vortragender: Die wenigen Hörer seiner Vorlesungen verstanden kaum, was er dozierte. Oft kam niemand in seine Vorlesung. Dann kehrte er in sein Zimmer zurück und tat, was ihm am meisten Freude bereitete: Immer und immer wieder über ein Problem der Mathematik oder der Natur zu grübeln. „Ich halte", so beschreibt er seine Methode, „den Gegenstand meiner Untersuchung ständig vor mir und warte, bis das erste Dämmern langsam, nach und nach, in ein volles und klares Licht übergeht." Und als später Newton gefragt wurde, wie er zu seinen Erkenntnissen gelangt sei, soll er lapidar geantwortet haben: „Indem ich lang genug darüber nachgedacht habe." Es war typisch für Newton, dass er, sobald er sich in ein Problem festbohrte, den Bezug zu seiner Umgebung fast völlig

© Springer-Verlag GmbH Deutschland, ein Teil von Springer Nature 2022
R. Taschner, *Das Unendliche*, https://doi.org/10.1007/978-3-662-64544-4_4

verlor. Er studierte oft nächtelang, raubte sich den Schlaf, versäumte auch zu essen. Einmal soll er eine Gesellschaft geladen und sich beim Gang in den Weinkeller so in seine Überlegungen vertieft haben, dass die Gäste, von ihm allein gelassen, ihn erst Stunden später in seinem Studierzimmer grübelnd vorfanden – Newton hatte sie einfach vergessen. 1671 machte er durch die Konstruktion eines Fernrohres auf sich aufmerksam, wodurch er zum Mitglied der eben vor kurzem gegründeten Royal Society ernannt wurde. Diese Ehrung ermunterte ihn, eine Abhandlung über das Licht und die Natur der Farben zu verfassen – seine erste Veröffentlichung überhaupt! Die darauf einsetzende Kritik verletzte ihn so sehr, dass er in seinem Wesen noch verschlossener wurde und nur durch ständiges Drängen und gutes Zureden seiner Freunde dazu bewegt werden konnte, sich weiter an die wissenschaftliche Öffentlichkeit zu wenden. Im Wesentlichen beschränkten sich seine Abhandlungen aber auf Mitteilungen an die Royal Society.

Sir Isaac Newton 1643–1727. (Quelle: akg-images gmbh, Berlin)

1687 gelang es Newtons Gefährten Edmond Halley (*1656, †1742), Newton zu bewegen, seine *Philosophiae naturalis principia mathematica,* die mathematischen Prinzipien der Physik, zu veröffentlichen. Tatsächlich lag die Entdeckung aller darin geschilderten Erkenntnisse mehr als zwei Jahrzehnte zurück! Dieses Buch markiert einen historischen Wendepunkt in der Geschichte der Naturwissenschaft, ja in der Geistesgeschichte der Menschheit überhaupt. Hatte Pythagoras das Programm entworfen, dass die gesamte Schöpfung von Zahlen regiert wird, und dabei vom *Blickpunkt der Mathematik aus* die Welt auf Zahlen zu reduzieren versucht, und hatte umgekehrt Galilei *vom Blickpunkt der experimentellen Naturwissenschaft aus* erkannt, dass der Bauplan der Welt in der Sprache von Arithmetik und Geometrie geschrieben ist, so vollzog Newton in seinen „Principia" eine Verbindung beider Blickrichtungen. Wir kommen gleich auf dieses Werk zu sprechen, beenden zuvor aber noch die kurze biografische und charakterliche Skizze seines Schöpfers.

So wie Goethe seine *Farbenlehre* viel höher einschätzte als seine Dichtungen, war Newton von seinen – ins Mystische reichenden – Studien der Alchemie mehr überzeugt als von seinen Leistungen als Mathematiker und Physiker. Allein weil die

Physik in seiner Sicht den Weltenplan des Schöpfers zu enthüllen imstande ist, glaubte er, im Nachhinein seine mathematischen und physikalischen Forschungen rechtfertigen zu können. Schließlich wollte er mit den Naturwissenschaften überhaupt nichts mehr zu tun haben und sich ganz in theologische Spekulationen stürzen. Als Fünfzigjähriger erlitt Newton einen schweren Nervenzusammenbruch. Krankhaftes Misstrauen, Phobien, Verfolgungswahn, schwere Melancholie plagten noch massiver sein von Neurosen zerfurchtes Gemüt. Aldous Huxley traf das herbe Urteil, Newton sei trotz seiner überragenden mathematischen und physikalischen Leistungen als Mensch ein Versager gewesen.

1689 entsandte die Universität Cambridge Newton als ihren Vertreter in das englische Parlament. 1696 verließ er für immer das Trinity College und wandte sich finanztechnischen Aufgaben der Londoner Regierung zu: 1699 wurde er oberster Verwalter der königlichen Münze und widmete sich mit Leidenschaft der Aufgabe, Falschmünzer zu überführen. Man sagt Newton nach, dass er mit zunehmendem Alter ein angenehmeres Wesen gewann, seine Verschrobenheit abbauen konnte und sogar leutselig wurde. 1703 wählte ihn die Royal Society zu ihrem Präsidenten, 1705 adelte ihn Königin Anne. Nach dem Tod am 31. März 1727 wurde Sir Isaac Newton in einem pompösen Begräbnis in der Westminster Abbey beigesetzt.

Voltaire war Zeuge dieser außerordentlich prunkvollen Begräbniszeremonie. Er bewunderte die Leistungen Newtons und versuchte sie auf dem europäischen Kontinent zu verbreiten. Von Voltaire stammt auch die berühmte Anekdote vom Apfel, welche die Entstehungsgeschichte der „Principia", das Hauptwerk Newtons, umrankt:

Die von der Nachwelt überschwänglich gepriesenen wissenschaftlichen Leistungen Newtons hatte dieser in der erstaunlich kurzen Zeitspanne von wenigen Monaten in der Jahreswende von 1665 zu 1666 erarbeitet! Zu dieser Zeit brach in Cambridge die Pest aus, Newton floh nach Woolsthorpe und erholte sich auf dem heimatlichen Bauernhof. Eines Abends – so die von Voltaire propagierte Anekdote – döste Newton unter einem Apfelbaum vor sich hin. Ein Apfel fiel herab. Newton sah dies und schaute auf den am Abendhimmel leuchtenden Mond. In diesem Augenblick stellte er die entscheidende Frage: „Wenn der Apfel auf die Erde fällt, warum fällt nicht der Mond auf sie?" Die Schwerkraft, mit der die Erde den Apfel zu sich herabholt, müsste doch genauso gut auf den – zwar entfernteren, aber dennoch sich in Reichweite der Erde befindlichen – Mond wirken. Wenn auf den Mond keine Kraft wirkte, so lehrte Galilei vor Newton, dann ruhte der Mond im Universum oder er bewegte sich geradlinig mit konstanter Geschwindigkeit. Wie auch eine Billardkugel am Billardtisch entweder ruht oder geradlinig gleichförmig auf dem grünen Filz entlanggleitet. Würde der Mond – abgesehen von der Schwerkraft der Erde – von der Erde aus gesehen ruhen, dann wirkte die Schwerkraft der Erde auf den Mond wie auf den fallenden Apfel: Der Mond sollte tatsächlich auf die Erde stürzen. Dies aber ist nicht der Fall. Daher geht Newton davon aus, dass zunächst – von der Schwerkraft abgesehen – der Mond geradlinig gleichförmig an der Erde vorbeigleitet. Die Schwerkraft der Erde drückt ihn aber ihr zugleich entgegen. So setzt sich die Bewegung des Mondes aus zwei Komponenten zusammen: dem von allem Anfang an gegebenen Entlanggleiten und dem Ständig-auf-die-Erde-Herabfallen.

Eine simple Skizze verdeutlicht diese Überlegung (Abb. 4.1): Würde die Erd-anziehung nicht auf den Mond wirken, bewegte er sich innerhalb eines Tages eine bestimmte Strecke *tangential* an der Erde vorbei. Am nächsten Tag legte er daran geradlinig angeheftet die gleiche Strecke zurück, und dies immer weiter in alle Ewigkeit. Tatsächlich aber fällt der Mond an diesem Tag *radial* eine bestimmte Fall-strecke auf die Erde zu. Beide Strecken bilden die Seiten eines Dreiecks. Die dritte Seite dieses Dreiecks zeigt deshalb jene Strecke an, die der Mond unter Einfluss der Schwerkraft wirklich zurücklegt. Diese dritte Dreiecksseite weist zugleich auf die neue *tangentiale* Bewegungsrichtung des Mondes am nächsten Tag: Wäre am nächsten Tag die Schwerkraft der Erde plötzlich aufgehoben, entfernte sich der Mond entlang dieser Richtung geradlinig gleichförmig von uns. In Wirklichkeit wirkt aber die Schwerkraft auch am nächsten Tag, und wieder setzt sich die neue tangentiale Bewegung mit der radialen Fallbewegung zusammen: ein neues Dreieck symbolisiert die Bewegung des Mondes am nächsten Tag. So erklärt Newton das Kreisen des Mondes um die Erde: *Es ist ein Fallen ohne Ende.*

Newton setzte sich an seinen Schreibtisch und versuchte, diese einsichtige Über-legung in einen mathematischen Formalismus zu gießen. Sein Ziel war, die be-rühmten Gesetze der Bewegung von Himmelskörpern des Johannes Kepler (*1571, †1630) herzuleiten, die dieser aus astronomischen Beobachtungen gewann. Oft wird der Übergang vom geozentrischen Weltbild des antiken Astronomen Ptolemäus,

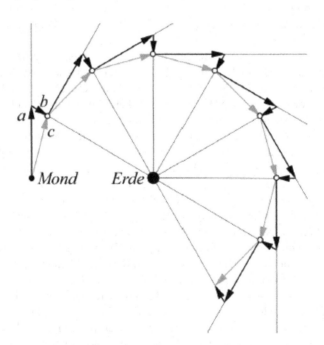

Abb. 4.1 Der Mond bewegt sich einerseits geradlinig gleichförmig an der Erde vorbei (a) und wird andererseits durch die Schwerkraft von der Erde angezogen (b). Setzt man die beiden Be-wegungen zusammen, entsteht (in bestimmten Zeitintervallen betrachtet) die vom Streckenzug (c) genäherte Mondbahn; sie beschreibt ein Fallen ohne Ende

in dem die Erde das Zentrum des Universums war, zum heliozentrischen Weltbild des Nikolaus Kopernikus, in dem die Sonne das Zentralgestirn des Alls ist, als die revolutionäre Wende und als der Beginn der neuzeitlichen Wissenschaft betrachtet. In Wahrheit waren die Einsichten Keplers, die er in seinen drei Gesetzen zusammenfasste, noch umwälzender. Denn Kepler hatte erkannt, dass die Bewegungen der Gestirne nicht in Kreisbahnen, sondern in elliptischen Bahnen erfolgen. Die Ellipse ist trotz ihrer reizvollen Ästhetik nicht mit der vollkommenen Schönheit des Kreises zu vergleichen. Überdies befindet sich nach Keplers Gesetzen der Zentralkörper, um den sich der Satellit in der elliptischen Bahn bewegt, nicht im Mittelpunkt der Ellipse, sondern etwas abseits davon in einem so genannten Brennpunkt. Schließlich vollzieht sich die Bewegung entlang der Ellipse nicht gleichförmig, wie dies bei der kreisförmigen Bewegung der Fall wäre, sondern ist bei weiterer Entfernung vom Zentralgestirn langsamer und bei näherer Entfernung schneller (Abb. 4.2). Kepler hatte mit seinen Gesetzen die Sphären, welche seit Pythagoras in den Augen aller Menschen die Gestirne am Himmel trugen, zerbrochen – und Newton saß nun, im Herbst 1665, an seinem Schreibtisch und begann, die Gesetze Keplers mathematisch herzuleiten.

Hier soll nicht der Platz sein, die keinesfalls einfachen Rechnungen Newtons nachzuvollziehen. Allein auf einen wichtigen Aspekt seiner Überlegungen wollen wir genauer eingehen, der unabhängig von der Astronomie und den Keplergesetzen von entscheidender Bedeutung ist:

In der obigen Skizze der Mondbewegung haben wir die Strecken gezeichnet, welche der Mond innerhalb eines Tages zurücklegt. Nun ist aber die Mondbewegung in Wahrheit kein Streckenzug, sie setzt sich nicht aus geradlinigen Teilen und Ecken zusammen. Die Bahn des Mondes ist eine Ellipse, völlig glatt aber immer gekrümmt. Wir wären dieser elliptischen Bahn näher gekommen, hätten wir die Bahn

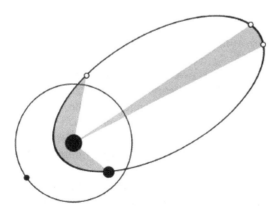

Abb. 4.2 Im Unterschied zur kreisförmigen Bahn des kleinen Planeten bewegt sich der große Planet in einer elliptischen Bahn um den Zentralkörper, und der Zentralkörper ist nicht im Ellipsenmittelpunkt sondern exzentrisch gelegen. Nahe beim Zentralkörper bewegt sich der Planet schneller, weiter entfernt langsamer. Werden die beiden Ellipsenbögen in gleichen Zeitintervallen zurückgelegt, sind die beiden von den Bögen und dem Zentralkörper gebildeten Flächen gleich groß

des Mondes statt tageweise stundenweise verfolgt: jede neue Stunde die tangentiale Entweichung mit dem Radialen-zur-Erde-Fallen in Dreiecke zusammengesetzt. Statt der großen Dreiecke, die wir Tag für Tag zeichneten, und deren dritte Seiten nur ein grobes, eckiges Bild der Ellipse entwerfen, erhalten wir nun Stunde für Stunde 24 mal so viele kleine Dreiecke, deren dritte Seiten dem wahren elliptischen Bild der Mondbahn schon sehr nahe kommen. Dennoch wird auch im stundenweisen Nachvollziehen der Mondbahn nicht das exakte Bild der glatten Ellipse wiedergegeben: Immer noch handelt es sich um kurze Strecken, die an unmerklich, aber doch vorhandenen Ecken aneinandergebunden sind. Und selbst wenn wir die Mondbahn minutenweise oder sogar sekundenweise in Streckenzüge aufgliedern: Immer näher kommen wir an das Bild der wahren Bahnellipse heran, erreichen es aber doch nie ganz. Wir haben zu bedenken, dass der Mond nie ein Stück tangential entlanggleitet, sondern *in jedem Augenblick* von der Erde angezogen wird. Wie aber halten wir den *Augenblick* fest? Dies ist die mathematisch bewundernswerteste Leistung Newtons in seiner Arbeit an den „Principia": *Es gelang ihm, die Bewegung im Augenblick mathematisch zu fassen.*

Gottfried Wilhelm Leibniz 1646–1716. (Quelle: Mathematisches Forschungsinstitut Oberwolfach)

An dieser Stelle muss gesagt werden, dass neben Newton und unabhängig von ihm der bedeutendste Universalgelehrte des Barock, Gottfried Wilhelm Leibniz, ganz analoge mathematische Untersuchungen anstellte. Es ist sogar vorteilhafter, die mathematischen Formulierungen in der Formelsprache von Leibniz und nicht in der von Newton vorzunehmen – Leibniz hatte eine außerordentliche Begabung, mathematische Sachverhalte mit adäquaten Zeichen stimmig und einfühlsam zu beschreiben.

Wir betrachten eine Ebene, in die wir das Fadenkreuz eines Koordinatensystems legen, d. h. eine waagrechte x-Achse und eine darauf senkrechte y-Achse, und hierin eine Kurve zeichnen. Worum es sich bei dieser Kurve handelt, spielt keine Rolle: Es kann die Bahnellipse des Mondes in seiner Bahnebene sein. Wir können aber x genauso als *Zeit* und y als *Temperatur* deuten und uns die Kurve als Fieberkurve eines Grippepatienten vorstellen (Abb. 4.3). Jede Interpretation der Kurve ist zu-

Abb. 4.3 Im Fadenkreuz des Koordinatensystems mit der *x*-Achse und der *y*-Achse befindet sich die Kurve. Trägt der entlang der Kurve gleitende Punkt *P* ein Moment der Bewegung in sich und kann man dieses Moment mathematisch fassen?

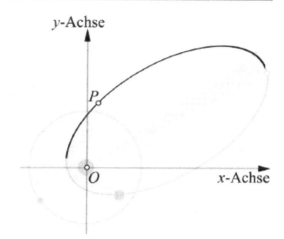

Abb. 4.4 Die Hypotenuse des rechtwinkligen Dreiecks verbindet zwei Kurvenpunkte *P* und *Q* und ersetzt als gerade Sehne die gekrümmte Kurve. Das Verhältnis von $\Delta y = \overline{RQ}$ (senkrecht) zu $\Delta x = \overline{PR}$ (waagrecht) beschreibt den Anstieg der Hypotenuse

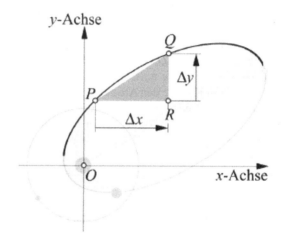

gelassen. Worauf es uns ankommt, ist zu verstehen, wie sich ein Punkt entlang dieser Kurve bewegt. Pointiert gefragt: Wohin bewegt sich ein entlang der Kurve fahrendes Teilchen in dem *Augenblick,* in dem es sich an der Stelle *P* der Kurve befindet?

Wie Newton zeichnen wir neben dem Punkt *P* noch jenen Punkt *Q* in der Kurve ein, an dem sich das Teilchen eine Stunde nach dem Aufenthalt bei *P* befindet. Leibniz schlägt vor, durch *P* eine waagrechte und durch *Q* eine senkrechte Gerade zu ziehen, die einander in einem Punkt *R* schneiden. Dadurch entsteht ein rechtwinkliges Dreieck mit den Ecken *P, Q, R* und dem rechten Winkel bei *R* (Abb. 4.4). Die längste Dreiecksseite, die sogenannte *Hypotenuse,* führt von *P* zu *Q* und zeigt an, welche Strecke das Teilchen in dieser Stunde zurücklegte, würde man die Kurve durch einen stundenweisen Streckenzug ersetzen. Die beiden anderen Dreiecksseiten heißen *Katheten.* Die Kathete von *P* zu *R* besitzt eine Länge, die Leibniz Δx nennt. Das griechische Delta Δ steht für Differenz: Diese Strecke bezeichnet den

Unterschied der beiden Punkte P und Q in Richtung der x-Achse. Analog soll die Kathete von R zu Q die mit Δy bezeichnete Länge haben, denn dies ist genau die Differenz der y-Koordinaten der beiden Punkte P und Q. Wenn wir die Kurve zum Beispiel als die Fieberkurve eines Grippepatienten deuten, dann steht Δx für das Zeitintervall einer Stunde und Δy für die Zunahme an Körpertemperatur, die der Patient in dieser Stunde erlitten hat. Egal, wie wir die Kurve interpretieren: Das Verhältnis $\Delta y : \Delta x$ nennt man den *Anstieg* der Hypotenuse von P zu Q, welche die Punkte P und Q der Kurve im Abstand von einer Stunde verbindet[15].

Der Anstieg $\Delta y : \Delta x$ der Strecke von P zu Q ist aber nur ein müder Ersatz für den eigentlichen *Anstieg der Kurve* im Punkt P, der uns viel mehr interessiert. Besser wäre es, wir hätten bereits eine Minute nach dem Verweilen des Teilchens bei P festgestellt, an welcher Stelle Q' sich nun das Teilchen befindet. Dann hätten wir auf gleiche Weise wie vorher einen Punkt R' gewonnen, das rechtwinklige Dreieck mit den Ecken P, Q', R' gezeichnet und die Hypotenuse von P zu Q' als geeignetere Näherung an die Kurve erachtet: Deren Anstieg beträgt $\Delta y' : \Delta x'$, wobei $\Delta x'$ die Länge der Kathete von P zu R' bezeichnet (und viel kürzer als Δx ist) und $\Delta y'$ die Länge der Kathete von R' zu Q' bezeichnet (und viel kürzer als Δy ist). Noch besser wäre sogar ein Fixieren des Teilchens bereits eine Sekunde nach seinem Aufenthalt bei P an der Stelle Q'' der Kurve: Das Dreieck mit den Ecken P, Q'' und R'' approximiert die Kurve noch besser, das Verhältnis $\Delta y'' : \Delta x''$ seiner senkrechten zur waagrechten Kathete den Anstieg der Kurve in P noch genauer (Abb. 4.5).

Zumindest gedanklich können wir die Zeitdifferenzen immer kürzer fassen: von einer Stunde zu einer Minute, einer Sekunde, einer Zehntelsekunde und so weiter. Dann erhalten wir eine Folge immer kleinerer rechtwinkliger Dreiecke mit den Ecken P, Q, R, dann P, Q', R', dann P, Q'', R'', dann P, Q''', R''', und so weiter. Die einzelnen waagrechten Kathetenlängen

$$\Delta x, \ \Delta x', \ \Delta x'', \ \Delta x''', \ \dots$$

und die einzelnen senkrechten Kathetenlängen

Abb. 4.5 Je kürzer man Δx und damit Δy wählt, umso besser nähert sich die Hypotenuse in P an den Kurvenbogen; ihr Anstieg $\Delta y : \Delta x$ nähert sich immer mehr an den Tangentenanstieg der Kurve in P

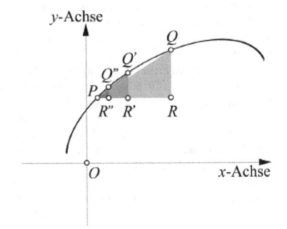

$$\Delta y, \ \Delta y', \ \Delta y'', \ \Delta y''', \ \dots$$

werden zwar immer kleiner, mikroskopisch kleiner, aber deren Verhältnisse

$$\Delta y : \Delta x, \ \Delta y' : \Delta x', \ \Delta y'' : \Delta x'', \ \Delta y''' : \Delta x''', \ \dots$$

nähern sich immer genauer dem wahren Anstieg der Kurve in P. Dennoch, wie klein die zeitliche Differenz zwischen dem Punkt P und dem Punkt Q auch gewählt wird, nie wird das Verhältnis $\Delta y : \Delta x$ mit dem *exakten* Anstieg *der Kurve* im Punkt P übereinstimmen. Oder gibt es, so fragen Leibniz und Newton, ein *letztes* bzw. *erstes* Dreieck, das – im Punkt P verborgen – zurückbleibt, wenn man den zweiten Kurvenpunkt Q mit dem Punkt P zusammenfallen lässt, d. h. wenn man die Bewegung entlang der Kurve allein *im Augenblick,* an dem sich das Teilchen in P befindet, zu fassen sucht?

Gibt es ein *letztes* bzw. *erstes* Moment in einer Bewegung? Schon die antike griechische Philosophie kämpfte mit diesem Problem. Der Sophist Zenon von Elea um 490 v. Chr. überlegte: Wenn er einen fliegenden Pfeil betrachtet, stellt er fest, dass sich dieser Pfeil *in jedem Augenblick* an einer bestimmten Stelle befindet, er daher *in jedem Augenblick* einen bestimmten Ort einnimmt, er folglich – so meint Zenon – in *jedem Augenblick ruht.* Wie aber, so fragt Zenon, ist es dann möglich, dass sich dieser Pfeil *bewegt,* da er doch in jedem Augenblick ruht und ihm *kein Augenblick* für einen Ortswechsel bleibt? Zenon leugnet offensichtlich die Existenz des *letzten* bzw. *ersten* Dreiecks, über das Newton und Leibniz spekulieren. Allerdings versteht Zenon nicht, wie es überhaupt zum Phänomen der Bewegung kommt. Sein Weltbild ist in einer bizarren Statik verhärtet[16]. Tatsächlich war Zenon davon überzeugt, dass alles, was wir mit unseren Sinnen als Wandel und Bewegung erfahren, Lug und Trug sei!

In dem absurden Weltbild Zenons verharrt die Welt ewig so, wie sie ist. Nur scheinbar gibt es Veränderungen, nur scheinbar werden wir erwachsen, nur scheinbar werden Kinder geboren und nur scheinbar erleiden wir den Tod. All unsere existenzielle Erfahrung lehrt, dass Zenon gründlich irrt. Vor allem, dass jeder von uns den Moment des Todes zu erfahren hat und dies weiß, prägt unsere praktische, philosophische, religiöse oder irreligiöse Einstellung zum Dasein. Unübertroffen detailversessen, wenn auch völlig unsentimental, kühl und reportagehaft beschreibt John le Carré diesen Augenblick in seinen Spionageromanen. Im *Krieg im Spiegel* lesen wir:

> Das Auto erfasste ihn von hinten; es brach ihm das Rückgrat. Einen fürchterlichen Augenblick lang verkörperte Taylor den klassischen Ausdruck des Schmerzes: Kopf und Schultern gewaltsam nach hinten geworfen, die Finger gespreizt. Er schrie nicht. Es hatte den Anschein, als konzentrierten sich Körper und Seele auf diese letzte Darstellung des Schmerzes, die im Tod ausdrucksvoller war als irgendein Laut, den er im Leben je von sich gegeben hatte.

Oder der Selbstmord von Magnus Pym im *Ein blendender Spion* wird so geschildert:

Dann hielt er die Waffe dorthin, wo sein rechtes Ohr war, und plötzlich wusste er nicht mehr – was unter diesen Umständen wohl jedem passiert wäre –, ob eine Browning 38 Automatic vor dem Abzug einen Druckpunkt hat. Und er sah, wie er den Kopf schräg hielt: Nicht von der Waffe weg, sondern in die Mündung geneigt, wie jemand, der ein bisschen taub ist und etwas hören möchte.

Besonders einfühlsam, wenn auch nur in einem einzigen Satz, wird im *Spion, der aus der Kälte kam* der Tod des Helden Leamas im Kugelhagel an der Berliner Mauer erzählt: Wie er in diesem letzten Moment einen scheinbar banalen, für ihn aber doch signifikanten Augenblick seines Lebens in sich wachruft.

Etwas kühn könnte man behaupten, dass Beschreibungen wie diese gleichsam das poetische Unterpfand (aber keinesfalls ein zwingendes Indiz) für ein Moment des Wandels selbst im Augenblick liefern, dass es also ein *erstes* bzw. ein *letztes* Dreieck der Bewegung gibt. Doch kehren wir zur nüchternen Mathematik zurück:

Das im Punkt *P* konzentrierte *erste* bzw. *letzte* Dreieck der Bewegung ist – so Leibniz und Newton – sicher „unendlich klein", für uns unsichtbar. Trotzdem wissen sie, wie dieses Dreieck aussieht, wenn man es ins Endliche vergrößert: Es ist das sogenannte *triangulum characteristicum,* das charakteristische Dreieck, mit achsenparallelen Katheten und einer Hypotenuse, welche in *P* die Kurve *berührt,* d. h. eine *Tangente* an die Kurve im Punkt *P* darstellt. Wie lang man die Kathetenlängen, die Leibniz als sogenannte *Differenziale* mit d*x* und d*y* bezeichnet, wählt, ist allein von der Wahl der Vergrößerung des charakteristischen Dreiecks ins Endliche abhängig und letztlich bedeutungslos. Denn bei jeder Vergrößerung bleibt das den *Tangentenanstieg* in *P* darstellende Verhältnis

$$\mathrm{d}y : \mathrm{d}x$$

gleich (Abb. 4.6).

Wie berechnen Leibniz und Newton das Verhältnis d*y* : d*x* der Differenziale? Sie gehen vom Verhältnis $\Delta y : \Delta x$ aus, bei dem die glatte Kurve noch durch eine Aufeinanderreihung kurzer Strecken ersetzt ist, und formen diesen Ausdruck so lange

Abb. 4.6 Das triangulum characteristicum der Kurve im Punkt *P*. Wie lange man d*x* (waagrecht) und dementsprechend d*y* (senkrecht) wählt, ist nicht entscheidend, da der Anstieg seiner Hypotenuse stets den gleichen Wert d*y* : d*x* besitzt

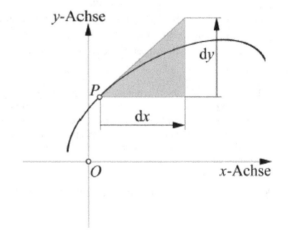

um, bis sie gefahrlos für Δx und Δy die Zahl Null einsetzen können. Geometrisch bedeuten $\Delta x = 0$ und $\Delta y = 0$: Der Punkt Q verschmilzt in den Punkt P. Anders gesagt: Das Zeitintervall der Bewegung von P zu Q gefriert zu einem Augenblick. Das ist der ganze Trick. Und es handelt sich streng genommen um einen faulen Trick, denn eigentlich ist es streng verboten, den Nenner eines Verhältnisses Null zu setzen.

Die Kritik an dieser Methode folgte unmittelbar nach ihrer Erfindung. Der irische Erkenntnistheoretiker und Bischof George Berkeley (*1685, †1753) weist haarscharf auf den wunden Punkt: Auf der einen Seite setzt man Δx und Δy gleich Null, auf der anderen setzt man sie gleich dx und dy. Was sind diese Differenziale dx, dy? „Sie sind weder endliche Größen doch auch nicht nichts. Dürfen wir sie *ghosts of departed quantities*, Gespenster abgeschiedener Größen, nennen?" fragt Berkeley voll Spott. Für ihn ist es klar: Die Endverhältnisse verschwindender Dreieckskatheten sind völlig „unzulässige und indiskutable Dinge." Und er setzt hämisch hinzu: „All das scheint eine höchst widersprüchliche Art der Beweisführung zu sein, wie man sie in der Theologie nicht erlauben würde."

Am Erfolg der Differenzialrechnung, nicht nur in der Himmelsmechanik, sondern auch in allen anderen Bereichen der Physik und später in allen anderen von mathematischen Methoden durchdrungenen Wissenschaften, änderte diese Kritik jedoch nichts – und allein der Erfolg scheint zu zählen.

Man muss, um die Faszination der Gedanken von Newton und Leibniz nachvollziehen zu können, an einigen illustrativen Beispielen die entsprechenden Rechnungen selbst anstellen. Man braucht nur wenig Rechenkenntnisse zu besitzen, um anhand einfacher Kurven zu erfahren[17], wie geradezu mühelos und höchst elegant man den Anstieg $dy : dx$ der Hypotenuse des charakteristischen Dreiecks und somit den Kurvenanstieg gewinnt. Leibniz und Newton hatten nämlich im Nachhinein betrachtet das unerhörte Glück, dass ihnen nur Kurven als Beispiele zur Verfügung standen, die stets die rechnerische Ermittlung von $dy : dx$ erlaubten. Hätten sie die Schneeflockenkurve des Helge von Koch gekannt, die wir im ersten Kapitel kennenlernten, wären sie bei der Ermittlung des Anstiegs im Kurvenpunkt kläglich gescheitert.

Albert Einstein 1879–1955. (Quelle: Bildarchiv d. ÖNB, Wien)

Wir wissen heute, dass nur glatte Kurven die Ermittlung des Tangentenanstiegs dy : dx erlauben. Aber auch Leibniz ahnte dies, weil er den Satz *natura non facit saltus*, die Natur macht keine Sprünge, zum philosophischen Prinzip erhob. Doch stimmt dies wirklich? Geht alles in der Natur stetig und kontinuierlich vor sich? 1827 beschrieb der Botaniker Robert Brown, wie er im Mikroskop eine völlig regellose Zitterbewegung kleinster, in einer Flüssigkeit fein verteilter Teilchen beobachtete. Brown selbst glaubte, einem Phänomen des Lebens auf der Spur zu sein. Erst 1905 konnte Albert Einstein (*1879, †1955) erklären, dass dieses Hin- und Herzittern von Zusammenstößen mit Molekülen der Flüssigkeit herrührt, die sich von der Wärme angetrieben ständig in Bewegung befinden. Das chaotische Zittern von Teilchen in der brownschen Bewegung wird mathematisch am besten von einer „Kurve" beschrieben, die keineswegs glatt verläuft – hier kann man nicht an ihren Punkten klaglos die Tangenten legen.

Mit dem weiteren Eindringen in die mikroskopische Welt wird es sogar noch verworrener: 1905 hatte Einstein nicht nur die brownsche Bewegung erklärt, er entwarf im gleichen Jahr auch seine berühmte *Spezielle Relativitätstheorie* (die noch weit komplexere *Allgemeine Relativitätstheorie* entwickelte er zehn Jahre später) und er veröffentlichte 1905 eine wichtige Abhandlung über die Natur des Lichtes, aufgrund derer er 1921 mit dem Nobelpreis geehrt wurde und die das Tor zur *Quantentheorie* weit öffnete. In der Quantentheorie sind sprunghafte Ereignisse gang und gäbe: Licht entsteht, wenn Elektronen im Atom plötzlich Energie verlieren. Ein Neutron zerfällt plötzlich in ein Proton, ein Elektron und ein sogenanntes Antielektronneutrino: Dies nur als Beispiel eines von Tausenden Zerfallsprozessen von Elementarteilchen, die sich völlig spontan ereignen. Bei einem Neutron muss man im Durchschnitt etwa 12 Minuten warten, bis es zerfällt. Für ein einzelnes Neutron besagt diese Zeit aber gar nichts: Es kann in Sekundenschnelle zerfallen sein oder noch Stunden überleben. *Es gibt kein Gesetz*, das die Lebensdauer eines einzelnen Neutrons regelt, es gibt bloß das statistische Mittel, gemessen an einer Unzahl von Neutronen. Einstein selbst hat in seinen späten Jahren diese Gesetzlosigkeit im Mikrokosmos der Quantentheorie zu beseitigen versucht – ohne jeden Erfolg. Völlig unfassbar war für ihn die Entdeckung Werner Heisenbergs (*1901, †1976), dass es keinen Sinn macht, von der Geschwindigkeit eines Elektrons zu sprechen, wenn man seinen Ort kennt, beziehungsweise vom Ort zu sprechen, an dem sich das Elektron befindet, wenn man seine Geschwindigkeit kennt. Heisenberg verwirft die Annahme Newtons, jeder Körper bewege sich entlang einer glatten Bahn, im Mikrokosmos der Quantentheorie total. Newtons *Physik,* schon von der Relativitätstheorie Einsteins in kosmischen Dimensionen korrigiert, bricht in den atomaren Dimensionen der Quantentheorie völlig zusammen. Die im Wesentlichen von Niels Bohr (*1885, †1962) entworfene *Quantenphysik* tritt statt ihrer den Siegeszug in der Erklärung der Naturphänomene an.

Newtons *Mathematik,* die geheimnisvolle Rechnung mit den Differenzialen, blieb von dieser revolutionären Entwicklung der Physik erstaunlicherweise unberührt. Um 1930 wurde das mathematische Gerüst der Quantenphysik errichtet Es ist – in viel komplexerer Weise als bei Newtons Physik – in allen tragenden Elementen von der Berechnung vieler Differenzialquotienten dy : dx durchzogen, daran hat sich überhaupt nichts geändert. Auch wenn es keine Bahnen von Teilchen mehr gibt, auch wenn man mit spontanen Zerfällen und plötzlichen Lichtblitzen zu rechnen hat, die Methode der Differenzialrechnung bewährt sich noch immer. Offenbar ist die Idee des *ersten* bzw. *letzten* Moments einer Bewegung viel tiefer im Schoß der Natur verankert, als es das vergleichbar simple Beispiel der glatten elliptischen Mondbahn nahelegt.

Für die Mathematiker in der Nachfolge von Newton und Leibniz war die Beschäftigung mit der Differenzialrechnung – trotz ihrer unbestreitbaren Erfolge in vielen Bereichen der Anwendung – unerquicklich. Erinnern wir uns: Die Devise zur Ermittlung von $dy : dx$ lautete, das Verhältnis $\Delta y : \Delta x$ so lange umzuformen, bis man ungefährdet $\Delta x = 0$ und $\Delta y = 0$ setzen kann. Das aber ist gerade verboten, denn Null darf nie im Nenner stehen. Leibniz und Newton ergingen sich in mystischen Rechtfertigungen: Die Differenziale dx und dy seien die ins Endliche vergrößerten Kathetenlängen des eigentlich „unendlich kleinen" rechtwinkligen Dreiecks, dessen Hypotenuse den Punkt P mit dem „unmittelbar" daran anschließenden Punkt Q verbinde[18]. Diese Rechtfertigung erklärt nichts, sie verschleiert. Denn wenn der Punkt Q *nicht* mit dem Punkt P übereinstimmt, ersetzt die Hypotenuse von P bis Q die glatte Kurve durch eine Strecke mit Ecken an P und Q – der Hypotenusenanstieg ist zwar eine Näherung an $dy : dx$, jedoch *nicht exakt* dieser Tangentenanstieg. Wenn aber der Punkt Q mit dem Punkt P zusammenfällt, dann *gibt es überhaupt kein Dreieck mehr*, auch kein „unendlich kleines", sondern nur mehr den nackten Punkt P ohne Katheten und Hypotenuse.

Eine mathematische Rechtfertigung der in der Physik und später in allen Natur und Ingenieurwissenschaften so erfolgreichen Differenzialrechnung stand mehr als hundert Jahre nach Newtons Tod noch aus. Erst in der Mitte des neunzehnten Jahrhunderts lichteten sich die Schleier, weil die Mathematiker begannen, das Unendliche nicht nur im Makrokosmos der Zahlengiganten, sondern auch im Mikrokosmos der sogenannten „unendlichen" Dezimalzahlen zu ergründen.

Cantor und die unendlichen Dezimalzahlen

Das Leben des Georg Cantor verlief tragisch. Dabei hatte es so verheißungsvoll begonnen: Cantor wurde am 3. März 1845 als Sohn eines reichen Kaufmanns dänischer Herkunft in St. Petersburg geboren. Mit elf Jahren ließ er sich zusammen mit seinen Eltern in Frankfurt nieder. Der Vater förderte die Ausbildung des jungen Georg Cantor und legte ihm nahe, ein technisches Studium zu ergreifen. Vielleicht war es aber die von Judentum, Protestantismus und Katholizismus durchdrungene philosophische Tradition seines Elternhauses, die auf die Interessen Cantors so starken Einfluss gewann, dass er sich nicht zum Ingenieur, sondern vielmehr zum Physiker, zum Mathematiker, ja zum Philosophen berufen fühlte. Jedenfalls entschloss er sich, in Zürich, Göttingen und Berlin diese Disziplinen zu studieren und blieb schließlich bei der Mathematik hängen. 1867 promovierte er an der Universität in Berlin und begann sich zu dieser Zeit für grundsätzliche Probleme zu interessieren, welche die bedeutendsten Mathematiker dieser Universität, allen voran Karl Weierstraß (*1815, †1897), im Zusammenhang mit einer definitiven Klärung der von Newton und Leibniz erfundenen Differenzialrechnung wälzten.

Viele Mathematiker des 19. Jahrhunderts versuchten den in der Differenzialrechnung verborgenen Paradoxien des Unendlichen beizukommen, unter ihnen vor allem der Franzose Augustin Louis Cauchy (*1779, †1857), der Tscheche Bernard Bolzano (*1781, †1848), der bezeichnenderweise auch Philosoph und Theologe war, und eben Karl Weierstraß, der nach einer langen Laufbahn als Mittelschullehrer erst in späten Jahren die Karriereleiter eines Universitätsprofessors erklomm. Georg Cantor fühlte sich nicht nur in die Tradition dieser Mathematiker eingebunden, er glaubte sogar behaupten zu können, dass ihm als erstem eine völlige Durchdringung des Universums des Unendlichen mit rigoroser logischer Klarheit geglückt sei.

Anhand des Beispiels von $\sqrt{2}$ jener Größe, die mit sich selbst multipliziert genau 2 ergibt,

$$\sqrt{2} \times \sqrt{2} = 2,$$

© Springer-Verlag GmbH Deutschland, ein Teil von Springer Nature 2022
R. Taschner, *Das Unendliche*, https://doi.org/10.1007/978-3-662-64544-4_5

erläutern wir die fundamentale Idee, die Cantor ersann und die ihn glauben machte, er hätte das Unendliche logisch erfasst:

Bis in die Zeit Cantors herrschte unter den Mathematikern Uneinigkeit, *was* die „Zahl" $\sqrt{2}$ eigentlich darstellt, obwohl sie recht gut mit $\sqrt{2}$ zu rechnen verstanden: Weil

$$\text{einerseits } 1 \times 1 = 1 < 2,$$

$$\text{andererseits } 2 \times 2 = 4 > 2$$

gilt, muss $\sqrt{2}$ zwischen 1 und 2 liegen:

$$1 < \sqrt{2} < 2.$$

Nun betrachten wir die einstelligen Dezimalzahlen 1.0, 1.1, 1.2, ..., 1.9, 2.0 und multiplizieren alle mit sich selbst. Weil

$$\text{einerseits } 1.4 \times 1.4 = 1.96 < 2,$$

$$\text{andererseits } 1.5 \times 1.5 = 2.25 > 2$$

gilt, muss $\sqrt{2}$ zwischen 1.4 und 1.5 liegen:

$$1.4 < \sqrt{2} < 1.5.$$

Nun betrachten wir die zweistelligen Dezimalzahlen 1.40, 1.41, 1.42, ..., 1.49, 1.50 und multiplizieren alle mit sich selbst. Weil

$$\text{einerseits } 1.41 \times 1.41 = 1.9881 < 2,$$

$$\text{andererseits } 1.42 \times 1.42 = 2.0164 > 2$$

gilt, muss $\sqrt{2}$ zwischen 1.41 und 1.42 liegen:

$$1.41 < \sqrt{2} < 1.42.$$

Nun betrachten wir die dreistelligen Dezimalzahlen 1.410, 1.411, 1.412, ..., 1.419, 1.420 und multiplizieren alle mit sich selbst. Weil

$$\text{einerseits } 1.414 \times 1.414 = 1.999396 < 2,$$

$$\text{andererseits } 1.415 \times 1.415 = 2.002225 > 2$$

gilt, muss $\sqrt{2}$ zwischen 1.414 und 1.415 liegen:

$$1.414 < \sqrt{2} < 1.415.$$

Dieses Verfahren kann man beliebig weit fortsetzen[19]. Auf diese Weise gelang es den Mathematikern (seit der Erfindung der Dezimalzahlen) Größen wie zum Beispiel $\sqrt{2}$ beliebig genau zu berechnen, *ohne dass sie wussten, worum es sich bei diesen Größen eigentlich handelt!*

Cantor beseitigte diese Unsicherheit: Er behauptete einfach, $\sqrt{2}$ ist eine *unendliche Dezimalzahl,* d. h. ein Ausdruck, der mit einer ganzen Zahl beginnt, danach wird ein *Dezimalpunkt* gesetzt, und danach folgen *unendlich* viele Ziffern zwischen 0 und 9. Dies scheint auf den ersten Blick nichts Neues zu sein, denn bei der Berechnung von $\sqrt{2}$ ergibt sich, wenn man genügend lange rechnet,

$$\sqrt{2} = 1.41421\ 35623\ 73095\ 04880\ 16887\ 24209\ 69807\ \dots$$

und wenn man noch weiter rechnet, holt man natürlich noch mehr Ziffern aus dem Dunkel der drei Punkte …. Doch genau genommen ist dies ein *unendlich* langer und daher prinzipiell nie endender *Prozess,* mit dessen Hilfe man $\sqrt{2}$ immer näher und näher kommt. Cantor behauptet nicht nur, dass ein derartiger Rechenprozess beliebig lang fortgesponnen werden kann, er behauptet viel mehr: *Es gibt von vornherein – unabhängig von etwaigen Näherungsrechnungen – die unendliche Dezimalzahl* $\sqrt{2}$, *und die gesamte Folge ihrer Ziffern nach dem Dezimalpunkt ist ein für alle Male vorgegeben.* Um die Pointe noch deutlicher zu machen: *Vor* Cantor war man der Auffassung, dass die Ziffernfolge in der Dezimalentwicklung von $\sqrt{2}$ der Reihe nach *geschaffen* wird, *seit* Cantor glaubt man, dass man diese Ziffernfolge lediglich *entdeckt.*

Bei π, dem von Archimedes und von vielen Mathematikern nach ihm immer genauer berechneten Verhältnis der Kreisfläche zur Fläche des Quadrats mit dem Radius als Seite, ist es genauso: Cantor behauptet, dass π eine *unendliche Dezimalzahl* ist, deren erste Ziffern

$$\pi = 3.14159\ 26535\ 89793\ 23846\ 26433\ 83279\ 50288\ \dots$$

lauten, deren *unendliche* Ziffernfolge nach dem Dezimalpunkt jedoch von allem Anfang an als gegeben betrachtet wird.

Auch der Tangentenanstieg dy : dx, der den Begründern der Differenzialrechnung nicht in seiner Berechnung, aber in seiner Deutung so schwer zu schaffen machte, ist für Cantor nichts anderes als eine *unendliche Dezimalzahl:* Newton und Leibniz hatten in ihren Untersuchungen nur solche Kurven im Auge, bei denen an jeder Stelle diese unendliche Dezimalzahl dy : dx „existiert". Die Folge der Anstiege

$$\Delta y : \Delta x, \qquad \Delta y' : \Delta x', \qquad \Delta y'' : \Delta x'', \qquad \Delta y''' : \Delta x''', \qquad \dots$$

von immer kleiner werdenden Dreiecken, deren Hypotenusen die Kurve ersetzen, dienen nur dazu, diese von vornherein gegebene unendliche Dezimalzahl dy : dx immer genauer und genauer zu berechnen.

Cantor glaubte tatsächlich, mit dieser Annahme der Existenz unendlicher Dezimalzahlen alle seit der Antike anstehenden Schwierigkeiten, die das Sprechen über Unendliches mit sich brachte, aus dem Weg geräumt zu haben[20]. Umso betroffener war er, als ihm gerade von einem der berühmtesten Professoren der Berliner Universität harsche Kritik entgegenschlug: Leopold Kronecker gehörte zu den produktivsten Mathematikern seiner Zeit, zudem war er, ebenfalls aus einem gebildeten und wohlhabenden Haus stammend, welterfahren, charmant, humanistisch und musisch in jeglicher Hinsicht gewandt, eine der beherrschenden Personen im wissenschaftlichen, geistigen und gesellschaftlichen Leben Berlins. Und gerade Kronecker, auf dessen Urteil nicht nur die mathematische Welt Berlins viel gab, bedachte Cantors unendliche Dezimalzahlen mit Spott und Verachtung.

Cantor hat – so die Meinung Kroneckers – mit den unendlichen Dezimalzahlen zwar die Probleme des Unendlichen auf diese Objekte übergewälzt, jedoch sind die unendlichen Dezimalzahlen selbst keineswegs mit jener Unbefangenheit als existent und manipulierbar zu betrachten, wie dies uns Cantor glauben macht. Denn niemand hat je die *ganze* Ziffernfolge in der Dezimalentwicklung von $\sqrt{2}$ oder von π gesehen. Cantor glaubt, man könne diese Ziffern so inspizieren, wie Polizisten eine Verbrecherkartei. Das ist aber prinzipiell unmöglich: Bei einer Verbrecherkartei kommt man einmal zu Ende, denn es gibt Gott sei Dank nur endlich viele Kriminelle. Bei der unendlichen Folge von Ziffern einer unendlichen Dezimalzahl kommt man jedoch nie zu Ende. Nie vermag irgendeine Denkweise den Eindruck zu vermitteln, unendlich viele Objekte seien einfach *vorhanden*. Niemand hat Unendliches als *effektiv abgeschlossenes Ganzes* je erfahren. Die ganzen Zahlen

$$1, 2, 3, 4, 5, 6, 7, \ldots$$

sind uns mit intuitiver Klarheit gegeben. Weil wir nie Zweifel hegen können, wie man – unabhängig von der Person, der geschichtlichen Epoche, dem gesellschaftlichen Umfeld – mit diesen ganzen Zahlen rechnet, dürfen wir sogar sagen, dass die ganzen Zahlen *existieren*. Im Sinne des Pythagoras ist die Existenz ganzer Zahlen sogar verbürgter als die Existenz der Atome, der Sterne, der Seelen von Menschen. Bei den unendlichen Dezimalzahlen hingegen ist die Lage ganz anders: Nie hat jemand die Dezimalentwicklung von $\sqrt{2}$ oder von π wirklich *gesehen*. Hier fehlt uns jegliche intuitive Sicherheit. Am besten ist es, so Kroneckers Meinung, man belastet sich gar nicht mit diesem so vagen Begriff.

Leopold Kronecker 1823–1891. (Quelle: Mathematisches Forschungsinstitut Oberwolfach)

Cantor argwöhnte, dass Kronecker mit seinen pointierten Angriffen gegen die Idee der unendlichen Dezimalzahlen auch dafür verantwortlich war, dass trotz aller Bemühungen nie ein Ruf zu einer Professur nach Berlin an Cantor erging. So war er sein Leben lang als Mathematiklehrer an der ziemlich unbedeutenden Universität in Halle an der Saale verbannt und er bedauerte bitter, nicht persönlich am mathematischen Geschehen an einem der wichtigsten geistigen Zentren Europas beteiligt zu sein. Zwar tröstete ihn, dass ihn einige Mathematiker, allen voran Richard Dedekind (*1831, †1916) gegen Kronecker unterstützten. Der Ausbau seiner Ideen und die Errichtung eines mathematischen Weltbildes, in dem das Unendliche als gegebenes Ganzes untergebracht ist, wurden ihm jedoch immer mehr zu einem fast manischen Anliegen.

Eine seiner verblüffendsten Entdeckungen war die folgende: Angenommen, wir wollen die unendlichen Dezimalzahlen zwischen 0 und 1, d. h. die unendlichen Dezimalzahlen, die vor dem Dezimalpunkt mit 0 beginnen, in irgendeiner Weise zu einer *Folge*

$$\alpha_1, \quad \alpha_2, \quad \alpha_3, \quad \alpha_4, \quad \alpha_5, \quad \ldots$$

anordnen. Nach welchem System wir diese unendlichen Dezimalzahlen durchnummerieren, soll völlig offen bleiben. Um etwas Konkretes vor Augen zu haben, sei willkürlich angenommen, dass die erste dieser unendlichen Dezimalzahlen

$$\alpha_1 = 0.123456789101112131415161718192021 22\ldots$$

lautet, dass die zweite dieser unendlichen Dezimalzahlen

$$\alpha_2 = 0.101001000100001000001000000100000000\ldots$$

lautet, dass die dritte dieser unendlichen Dezimalzahlen

$$\alpha_3 = 0.77777\ 77777\ 77777\ 77777\ 77777\ 77777\ 77777\ \ldots$$

lautet, dass die vierte dieser unendlichen Dezimalzahlen

$$\alpha_4 = 0.09099\ 09990\ 99990\ 99999\ 09999\ 99099\ 99999\ \ldots$$

lautet, und dies geht in irgendeiner Weise so endlos weiter. Nun konstruiert Cantor eine unendliche Dezimalzahl ψ, die vor dem Dezimalpunkt mit 0 beginnt, nach folgender Vorschrift: Wenn die erste Ziffer von α_1 nach dem Dezimalpunkt die Ziffer 0 ist, dann ist die erste Ziffer von ψ nach dem Dezimalpunkt die Ziffer 9. Wenn hingegen die erste Ziffer von α_1 nach dem Dezimalpunkt von 0 verschieden ist, dann ist die erste Ziffer von ψ nach dem Dezimalpunkt die Ziffer 0. Wenn die zweite Ziffer von α_2 nach dem Dezimalpunkt die Ziffer 0 ist, dann ist die zweite Ziffer von ψ nach dem Dezimalpunkt die Ziffer 9. Wenn hingegen die zweite Ziffer von α_2 nach dem Dezimalpunkt von 0 verschieden ist, dann ist die zweite Ziffer von ψ nach dem Dezimalpunkt die Ziffer 0. Wenn die dritte Ziffer von α_3 nach dem Dezimalpunkt die Ziffer 0 ist, dann ist die dritte Ziffer von ψ nach dem Dezimalpunkt die Ziffer 9. Wenn hingegen die dritte Ziffer von α_3 nach dem Dezimalpunkt von 0 verschieden ist, dann ist die dritte Ziffer von ψ nach dem Dezimalpunkt die Ziffer 0. Es ist klar, wie diese Vorschrift zur Berechnung der vierten, fünften, sechsten, siebenten, … Ziffer von ψ nach dem Dezimalpunkt in gleicher Weise fortgesetzt wird. Bei der oben angegebenen Folge von $\alpha_1, \alpha_2, \alpha_3, \alpha_4$ erhält man zum Beispiel

$$\psi = 0.0900\ldots,$$

denn die erste Ziffer nach dem Dezimalpunkt von α_1 ist 1, also von 0 verschieden, die zweite Ziffer nach dem Dezimalpunkt von α_2 ist 0, darum lautet die zweite Ziffer von ψ nach dem Dezimalpunkt 9, die dritte Ziffer nach dem Dezimalpunkt von α_3 ist 7, also von 0 verschieden, und die vierte Ziffer von α_4 nach dem Dezimalpunkt ist 9, ebenfalls von Null verschieden.

Egal, in welcher Weise man die unendlichen Dezimalzahlen zwischen 0 und 1 zu einer Folge anordnet, immer ist die Definition von ψ so getroffen, dass ψ keinesfalls mit α_1 übereinstimmen kann, denn die beiden Zahlen unterscheiden sich in der ersten Ziffer nach dem Dezimalpunkt. ψ ist auch von α_2 verschieden, denn die beiden Zahlen unterscheiden sich in der zweiten Ziffer nach dem Dezimalpunkt. ψ ist auch von α_3 verschieden, denn die beiden Zahlen unterscheiden sich in der dritten Ziffer nach dem Dezimalpunkt. Auf diese Weise kann man immer weiter und weiter schließen und erkennt: ψ kann mit keiner einzigen Zahl der genannten Folge übereinstimmen! Dies ist der Satz von Cantor:

Wenn man unendliche Dezimalzahlen auf irgendeine Weise in einer Folge aufzählt, immer wird es eine unendliche Dezimalzahl geben, die in dieser Folge nicht vorkommt.

Ein wenig erinnert dieser Satz an Euklids Erkenntnis, dass es unendlich viele Primzahlen gibt. Der Unterschied ist dennoch gravierend: Euklid erkannte, dass es zu jeder *endlichen* Liste von Primzahlen immer noch eine weitere Primzahl gibt, die in dieser Liste nicht vorkommt. In Cantors Satz wird hingegen behauptet, dass es sogar zu jeder *unendlichen* Folge von unendlichen Dezimalzahlen eine weitere unendliche Dezimalzahl gibt, die nicht in dieser Folge genannt wird. Mit anderen Worten: *Die Unendlichkeit der unendlichen Dezimalzahlen ist überwältigender als die Unendlichkeit der Primzahlen!*

Ab dieser Erkenntnis beginnt die Sucht Cantors nach immer gewaltigeren „Unendlichkeiten". Die bissige Kritik Kroneckers weckte in ihm keinerlei Zweifel an der Tragfähigkeit seiner Theorie, im Gegenteil: Mit einer atemberaubenden Besessenheit forschte er nach Belegen für die Existenz des Unendlichen aus den Schriften der Philosophen. Ein im Nachhinein betrachtet ziemlich sinnloses Unterfangen, denn kaum eine der vielen Thesen von Philosophen blieb unwidersprochen. Trotzdem glaubte Cantor in der spekulativen christlich-aristotelischen Theologie des Thomas von Aquin Halt und Sicherheit in seinem Reden über Unendlichkeiten zu finden. Da nimmt es nicht wunder, dass Cantor so fantastische Unendlichkeiten zu betrachten wagte, die er allein mit dem Göttlichen in Verbindung setzen konnte, weil sie sich völlig der menschlichen Logik entziehen[21]. Bei derartigen Ausritten in die undurchschaubare Welt der Metaphysik blieb die Mathematik notwendigerweise auf der Strecke. An objektiver Erkenntnis war hier nichts mehr zu gewinnen.

Georg Cantor 1845–1918

   1884 erlitt Cantor seinen ersten Anfall einer schweren Depression. Während der restlichen Zeit seines Lebens wiederholten sich diese psychischen Attacken und zwangen ihn zu Aufenthalten in der Nervenklinik. Zuweilen fürchtete Cantor um die Anerkennung seines Werkes, allein die Unterstützung befreundeter Kollegen half ihm über manche Krisen hinweg.

   Dennoch spürte er immer mehr, dass die letzte Absicherung seiner Theorie der unendlichen Dezimalzahlen noch aussteht – philosophische Appelle helfen nicht weiter. Man mag es als Gunst des Schicksals betrachten, dass er nicht mehr erleben musste, wie der einzig sinnvolle Versuch zur Rettung seiner Mathematik in einem Debakel endete. Wobei noch erschwerend hinzukam, dass seine eigene Beweisidee zur Herleitung des „Satzes von Cantor" diese Niederlage hervorrief.

   Am 6. Januar 1918 ist Georg Cantor in einer Klinik für Geisteskranke in Halle gestorben.

Hilbert und die unendliche Gewissheit

6

In Königsberg, der Heimatstadt Immanuel Kants, wurde David Hilbert am 23. Januar 1862 geboren. Ganz im Unterschied zu Kant, der sich sein Leben lang keine zehn Kilometer von Königsberg entfernte, reiste Hilbert oft, vor allem zu den Orten, an denen die bedeutendsten Mathematiker seiner Zeit zu Kongressen zusammentrafen. So erhielt Hilbert als damals noch recht junger Professor der Universität Göttingen im Jahre 1900 die Einladung zu einem Hauptvortrag auf dem Internationalen Mathematikerkongress in Paris. Hilbert galt bereits damals als einer der hervorragendsten Mathematiker seiner Zeit, im Rang nur mit seinem um acht Jahre älteren französischen Kollegen Henri Poincaré (*1854, †1912) vergleichbar. Darum konnte es sich Hilbert erlauben, in seinem Vortrag 23 noch ungelöste Probleme aus allen Bereichen der Mathematik zu formulieren und zu behaupten, dass die Mathematik des kommenden 20. Jahrhunderts von dem Bemühen durchdrungen sein werde, die von ihm genannten Probleme zu lösen. Das gesunde Selbstbewusstsein Hilberts hört man zudem aus den Worten, mit denen er seiner Überzeugung Ausdruck gab, dass *jedes vernünftig formulierte mathematische Problem eine Lösung besitzen muss,* denn er sagte: „Da ist das Problem, suche die Lösung! Du kannst sie durch reines Denken finden, denn in der Mathematik gibt es kein Ignorabimus."

Eine der Leistungen, die Hilberts Ruhm als Mathematiker festigten, war die Revision der Geometrie Euklids. Wir hatten im zweiten Kapitel beschrieben, wie sich der Schulmeister Euklid darum bemühte, die geometrischen Erkenntnisse seiner Zeit aus wenigen *Axiomen* deduktiv herzuleiten. Euklid und alle seine Nachfolger bis zu dem Geometer Moritz Pasch (*1843, †1930) betrachteten die geometrischen Axiome als *evidente* Aussagen über Beziehungen von Objekten wie „Punkte" oder „Gerade". Die Begriffe „Punkt" oder „Gerade" selbst erachteten sie als *intuitiv unmittelbar einsichtig* gegeben.

© Springer-Verlag GmbH Deutschland, ein Teil von Springer Nature 2022
R. Taschner, *Das Unendliche*, https://doi.org/10.1007/978-3-662-64544-4_6

David Hilbert 1862–1943

Ganz anders entwickelt Hilbert seine „Grundlagen der Geometrie": Weder definiert er die Begriffe „Punkt" oder „Gerade", noch setzt er voraus, dass man sich unter ihnen irgendetwas vorstellt. In seiner Geometrie sind „Punkt" oder „Gerade" einfach leere Worthülsen. Wie Euklid beginnt zwar auch Hilbert mit *Axiomen,* welche bestimmte Beziehungen zwischen seinen zu Worthülsen degradierten Begriffen postulieren. Nur beschreiben in Hilberts System diese Axiome keinesfalls evidente Sachverhalte, sondern sie sind bloß als *willkürliche* Setzungen zu verstehen.

Wir hatten bereits im zweiten Kapitel diese moderne Umkehr in der Auffassung der Geometrie angedeutet: Geometrie wird im Verständnis Hilberts zu einem reinen Spiel, das nach bestimmten Regeln – den geometrischen Axiomen – abläuft und in dem die Spielkarten die geometrischen Objekte sind. Genauso wie im Kartenspiel Könige, Damen und Buben nichts mit herrschenden Regenten, mit liebreichen Mätressen und mit streitbaren Knappen zu tun haben und allein die Regel zählt, dass bei gleicher „Farbe" der König die Dame sowie die Dame den Buben „schlägt", genauso sind in Hilberts Geometrie allein die „Spielregeln" entscheidend. Eine davon lautet, dass man durch zwei verschiedene Punkte eine und nur eine Gerade legen kann.

Natürlich hatte Hilbert bei der Formulierung seiner geometrischen Axiome stets sein intuitives Bild von mit Zirkel und Lineal konstruierten Figuren vor Augen, allein er kommt nie darauf zu sprechen. In Wahrheit könnte auch ein bewegungsunfähiger und blinder Mathematiker, dem jeder direkte Zugang zu geometrischen Skizzen und jegliche Raumvorstellung fehlt, Hilberts Geometrie betreiben: Er muss sich nur in das abstrakte Spiel seiner von vornherein leeren Begriffe und in die von den Axiomen festgelegten Spielregeln einlassen.

Welchen Vorteil konnte Hilbert aus dieser neu gewonnenen Sichtweise der Geometrie ziehen? Wir alle kennen optische Trugbilder, Täuschungen, die einen geometrischen Sachverhalt vorgaukeln, ohne dass er tatsächlich besteht. Wieso dürfen wir uns auf die Evidenz der geometrischen Axiome Euklids verlassen? Warum sind wir uns zum Beispiel sicher, dass man zu jeder Geraden und durch jeden nicht auf ihr liegenden Punkt genau *eine* parallele Gerade legen kann? Vielleicht handelt es sich hier genauso nur um einen trügerischen optischen Eindruck. Möglicherweise gibt es überhaupt keine zwei parallele Geraden, und alle Geraden in einer Ebene schneiden einander irgendwo, wenn man sie nur genügend lang zeichnet. Eine andere Möglichkeit ist, dass es zu einer gegebenen Geraden durch einen nicht auf ihr liegenden Punkt in einer Ebene nicht nur eine, sondern sogar mehrere Geraden gibt, welche die vorgegebene Gerade nie schneiden (Abb. 6.1). Wir dürfen sogar vermuten, dass Euklid selbst von Zweifeln geplagt war, ob sein *Parallelenaxiom* wirklich so evident ist, wie er es von seinen Axiomen erwartete[22].

Mit all diesen Schwierigkeiten räumt Hilberts Auffassung der Geometrie auf. Denn bei Hilbert haben die Axiome keinen Bezug mehr zur sinnlich erfahrbaren Wirklichkeit. Sie sind bloß willkürliche Setzungen. Ob sie „stimmen" oder nicht, wird zu einer sinnlosen Frage.

Allerdings bestehen zwei Forderungen an Hilberts geometrisches Axiomensystem, welche unbedingt zu befolgen sind: Sein Axiomensystem muss *widerspruchsfrei* sein und es muss *vollständig* sein[23]. Was meinen wir damit? Es ist wie bei einem sinnvollen Spiel: Nur dann ist es interessant, wenn man einerseits weiß, was den Sieg im Spiel ausmacht, und wenn andererseits nach jeder Spielrunde feststeht, welcher der Teilnehmer gewonnen hat. Genauso ist es bei einem widerspruchsfreien und vollständigen Axiomensystem:

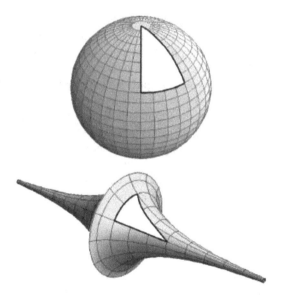

Abb. 6.1 Betreibt man Geometrie auf einer „positiv gekrümmten" Fläche (wie z. B. auf einer kugelförmigen Fläche), ist die Summe der Innenwinkel eines Dreiecks größer als 180°. Durch keinen Dreieckspunkt kann man eine Parallele der gegenüberliegenden Seite legen. Betreibt man Geometrie auf einer „negativ gekrümmten" Fläche (wie z. B. auf einer sattelförmigen Fläche), ist die Summe der Innenwinkel eines Dreiecks kleiner als 180°. Durch jeden Dreieckspunkt kann man mehrere Parallele der gegenüberliegenden Seite legen. (Die Seiten sind auf krummen Flächen stets die kürzesten Verbindungen zwischen den einzelnen Ecken, sogenannte geodätische Linien, als Ersatz für gerade Linien in der Ebene)

Ein Axiomensystem ist *widerspruchsfrei*, wenn Folgendes zutrifft: Falls ein Sachverhalt aus seinen Axiomen hergeleitet werden kann, dann kann die Leugnung dieses Sachverhaltes aus den Axiomen *sicher nicht* deduziert werden.

Um es am Beispiel der Geometrie zu verdeutlichen: Aus den Axiomen Hilberts kann man zum Beispiel den Satz von Thales folgern: Alle Dreiecke im Halbkreis sind rechtwinklige Dreiecke. Würde es jemandem gelingen, aus Hilberts Axiomen logisch zu folgern, dass es auch ein *nicht* rechtwinkliges Dreieck im Halbkreis gibt, dann wäre Hilberts Axiomensystem in sich widersprüchlich und unbrauchbar. Denn es hat keinen Sinn, sowohl einen Sachverhalt wie auch sein Gegenteil als gegeben zu erachten. Die Forderung nach Widerspruchsfreiheit garantiert, dass eine Aussage nicht zugleich wahr und falsch sein kann – und dies ist offenkundig ein unumgänglicher Anspruch.

Ein Axiomensystem ist *vollständig*, wenn Folgendes zutrifft: Falls irgendjemand irgendeinen Sachverhalt mit den Begriffen dieses Axiomensystems formuliert, dann ist entweder dieser Sachverhalt aus den Axiomen des Systems herleitbar, oder man kann die Leugnung dieses Sachverhaltes aus den Axiomen des Systems beweisen.

Anhand der Geometrie an einem Beispiel veranschaulicht: Wenn man drei Punkte an der Peripherie eines Kreises auszeichnet, erhält man ein Dreieck, das diesen Kreis als *Umkreis* besitzt (Abb. 6.2). Man kann sich nun umgekehrt die Frage stellen, ob jedes beliebige Dreieck einen Umkreis besitzt. Wenn Hilberts Axiomensystem vollständig ist, dann kann man entweder aus seinen Axiomen auf die Konstruktion eines Dreiecks schließen, welches keinen Umkreis hat, oder man kann aus seinen Axiomen folgern, dass jedes beliebige Dreieck einen Umkreis besitzen muss. (In der Tat ist zweiteres der Fall.) Die Forderung nach Vollständigkeit garantiert eine saubere Trennung zwischen richtigen, d. h. aus den Axiomen herleitbaren, und falschen Aussagen. Jeder mit den Begriffen des Axiomensystems formulierte Sachverhalt ist entweder herleitbar, oder man kann zeigen, dass sein Gegenteil aus den Axiomen folgt. Wie die Widerspruchsfreiheit ist auch die Vollständigkeit von jedem Axiomensystem zu verlangen, um die von ihm beschriebene abstrakte Begriffswelt sauber ordnen zu können.

Die herausragende Leistung in Hilberts *Grundlagen der Geometrie* bestand darin, dass er bewies, dass sein von Euklid übernommenes, nun aber als abstraktes

Abb. 6.2 Ein Dreieck mit seinem Umkreis. Kann man jedes beliebig vorgegebene Dreieck mit einem Umkreis versehen?

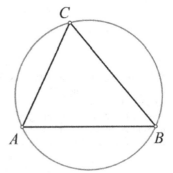

Spiel verstandenes geometrisches Axiomensystem in der Tat sowohl widerspruchs-frei als auch vollständig ist. Es hat keinen Sinn, die aufwendige Beweisführung Hilberts hier auch nur andeutungsweise wiederzugeben. Nur eines sei dazu bemerkt: Hilbert konnte sich natürlich nicht auf die anschauliche Raumvorstellung oder auf unsere Erfahrung mit dem Umgang von Zeichengeräten berufen. Er belegte die Widerspruchsfreiheit und Vollständigkeit seines geometrischen Axiomensystems, indem es ihm gelang, *jede geometrische Aussage in eine sinnvolle Aussage über unendliche Dezimalzahlen zu übersetzen.* Wenn diese Aussage über unendliche Dezimalzahlen wahr ist, gibt es auch eine Herleitung der entsprechenden geometrischen Aussage aus seinen Axiomen. Wenn hingegen diese Aussage über unendliche Dezimalzahlen falsch ist, kann man die Leugnung der entsprechenden geometrischen Aussage aus Hilberts Axiomen deduzieren.

Cantors unendliche Dezimalzahlen stellten für den Widerspruchs- und Vollständigkeitsbeweis des geometrischen Axiomensystems Hilberts das wesentliche Hilfsmittel dar. Es ist darum kein Wunder, dass sich Hilbert im Gegensatz zu seinem skeptischen Kontrahenten Poincaré mit vollem Einsatz für die von Cantor propagierte Mathematik engagierte. Wie Cantor war auch Hilbert der Überzeugung, dass die Mathematiker befugt sind, über Unendliches mit derselben Unbefangenheit wie über Endliches zu sprechen. So als ob Systeme bestehend aus unendlich vielen Objekten genauso „gegeben" sind wie Mengen, die nur aus endlich vielen Dingen bestehen. Denn nur dann gibt es zwischen den endlichen Dezimalzahlen und den unendlichen Dezimalzahlen keinen prinzipiellen Unterschied, und nur dann sind die seit Jahrhunderten für endliche Dezimalzahlen eingeübten Rechentechniken unmittelbar auf die unendlichen Dezimalzahlen übertragbar.

Es war bezeichnend, dass Hilbert in seinem *Pariser Vortrag* den sorglosen Umgang mit dem Unendlichen wie selbstverständlich zur Schau stellte. Das erste seiner 23 Probleme lautete nämlich so:

Cantor hat jeder Menge von Objekten eine sogenannte *Mächtigkeit* zugeordnet, wobei die Mächtigkeit einer endlichen Menge einfach die *Anzahl* der Elemente ist, die in dieser endlichen Menge versammelt sind. So beträgt zum Beispiel die Mächtigkeit der Menge aller Primzahlen, die kleiner als 100 sind, genau 25, denn diese Menge besteht aus den fünfundzwanzig Zahlen

$$2, 3, 5, 7, 11, 13, 17, 19, 23, 29, 31, 37, 41,$$
$$43, 47, 53, 59, 61, 67, 71, 73, 79, 83, 89, 97.$$

Die Mächtigkeit der Menge *aller* Primzahlen ist hingegen keine gewöhnliche Zahl mehr, denn Euklid hat gezeigt, dass es unendlich viele Primzahlen gibt. Cantor nannte die Mächtigkeit der Menge aller Primzahlen nach dem ersten Buchstaben Aleph des hebräischen Alphabets $\aleph_0$. Es ist die erste sogenannte *unendliche Kardinalzahl.* Auch die Mächtigkeit der Menge aller Zahlen 1, 2, 3, 4, 5, ... beträgt $\aleph_0$, denn $\aleph_0$ ist die Mächtigkeit all jener unendlichen Mengen, deren Elemente man erschöpfend in einer Folge anordnen kann.

Damit meinen wir genauer Folgendes: Wenn eine unendliche Menge dadurch gegeben ist, dass man ihre Elemente der Reihe nach durchnummerieren kann und dabei jedes ihrer Elemente irgendeine Zahl als Nummer erhält, dann hat diese unendliche Menge die Mächtigkeit $\aleph_0$. Die große Erkenntnis Cantors war bekanntlich, dass die Menge aller unendlichen Dezimalzahlen *nicht* in einer Folge erschöpfend aufgezählt werden kann: Zu jeder unendlichen Folge von unendlichen Dezimalzahlen gibt es mindestens eine weitere unendliche Dezimalzahl, welche in dieser Folge nicht vorkommt. Darum hat die Menge aller unendlichen Dezimalzahlen eine *größere* Mächtigkeit als $\aleph_0$. Hilbert nennt die nächste über $\aleph_0$ hinausgehende denkbare Mächtigkeit $\aleph_1$ und fragt: Ist diese unmittelbar an $\aleph_0$ anschließende nächste unendliche Kardinalzahl bereits die Mächtigkeit der Menge aller unendlichen Dezimalzahlen? Oder geht die Mächtigkeit der Menge aller unendlichen Dezimalzahlen sogar über $\aleph_1$ hinaus?

Hätte Kronecker zu dieser Zeit noch gelebt, er hätte diese Frage Hilberts als baren Unsinn verworfen. Was sollen derart wilde Spekulationen über „unendliche Kardinalzahlen", wo doch niemand je imstande ist, sich eine unendliche Menge als vorgegebenes Objekt vorzustellen? Das erste der von Hilbert vorgetragenen Probleme war aber nicht nur aus der Sicht Kroneckers abstrakter Nonsens.

Hermann Weyl, der begabteste und bedeutendste Schüler von Hilbert selbst, hegte Zweifel an Cantors unbekümmerter Behandlung des Unendlichen. Er meinte, dass die Rechtfertigungsversuche von Cantor und seinen Gefolgsleuten einem Wunschdenken entspringen. Sie tragen „nicht den Charakter einer aus völlig durchleuchteter Evidenz geborenen, klar auf sich selbst ruhenden Überzeugung, sondern gehören zu jener Art von halb bis drei viertel ehrlichen Selbsttäuschungsversuchen, denen man im politischen und philosophischen Denken so oft begegnet." Skeptische Stimmen wie diese waren für Hilbert wie für einen Stier das rote Tuch: „Aus dem Paradies, das Cantor uns geschaffen", so schrieb er vehement, „soll uns niemand vertreiben können." An anderer Stelle greift er seinen Schüler Weyl persönlich an: Was er und andere Skeptiker der Mathematik Cantors antun, „kommt im Prinzip darauf hinaus, dass sie die einstigen Pfade von Kronecker wandeln: Sie suchen die Mathematik dadurch zu begründen, dass sie alles ihnen unbequem Erscheinende über Bord werfen und eine Verbotsdiktatur à la Kronecker errichten. Dies heißt aber, unsere Wissenschaft zerstückeln und verstümmeln, und wir laufen Gefahr, einen großen Teil unserer wertvollsten Schätze zu verlieren, wenn wir solchen Reformatoren folgen."

Hermann Weyl 1885–1955

Natürlich wusste Hilbert, dass Polemik allein nicht genügt, um die Skeptiker zum Schweigen zu bringen. Er entwarf daher ein *Programm*, welches der Mathematik Cantors ein unerschütterliches Fundament zugrunde legen sollte. Die Idee zu diesem Programm entnahm Hilbert aus seiner früheren Beschäftigung mit den Grundlagen der Geometrie. So, wie er die Geometrie durch die Angabe eines widerspruchsfreien und vollständigen Axiomensystems in ihren Grundfesten absichern konnte, glaubte Hilbert auch mit der Mathematik Cantors als Ganzes verfahren zu können:

Jeder Geometer hat selbstverständlich ein intuitives Verständnis für die geometrischen Objekte: Dreiecke, Kreise, Punkte, Geraden, mit denen er hantiert. Hilberts abstrakte Geometrie will keinem Geometer diese ursprüngliche Sicht der Dinge rauben, sie gibt ihm vielmehr zusätzlich logische Sicherheit: Erst wenn der Geometer seine Erkenntnisse in klarer Deduktion aus den abstrakten Axiomen Hilberts gewonnen hat, ist ihre Richtigkeit ein für alle Male verbürgt. Die Hilfestellung, die Hilbert den Geometern mit seinem Axiomensystem in die Hand gab, will er nun in seinem Programm allen Mathematikern zur Verfügung stellen.

Hilberts Idee bestand darin, die Mathematik als Ganzes als ein rein *formales* System aufzufassen, welches aus allen nur denkbaren Deduktionen bestimmter Axiome besteht. Damit wird die Mathematik zu einem blinden Spiel mit Worthülsen, geregelt durch Axiome. Eine dieser Worthülsen ist zum Beispiel „unendlich". Im formalen Spiel bedeutet es *nichts*. Dies ist gerade die Finesse von Hilberts Auffassung eines Axiomensystems: Man abstrahiert von jeglicher inhaltlichen Vorstellung und konzentriert sich allein auf die logischen Deduktionsketten.

Natürlich verbindet jeder Mathematiker, wenn er von einer unendlichen Menge spricht, damit die Vorstellung einer gigantischen, unerschöpflichen Ansammlung von Objekten. Hilbert will ihm dies nicht verbieten. Er will ihm nur zusätzlich logische Sicherheit geben: Genau dann, wenn es dem Mathematiker gelingt, seine mathematische Erkenntnis als Folgerung aus den abstrakten Axiomen zu deduzieren, kann er sicher gehen, dass ihn seine mathematische Intuition nicht betrogen hat.

Zur Verwirklichung seines Programms hatte Hilbert zwei Aufgaben zu bewältigen:

Erstens musste er ein System von Axiomen finden, wobei diese Axiome Folgendes leisten sollen: Jeder sinnvolle mathematische Begriff ist entweder als leere Worthülse in einem Axiom oder in mehreren Axiomen mit anderen Worthülsen in Beziehung gesetzt oder er muss sich mit Hilfe der in den Axiomen verwendeten Grundbegriffe definieren lassen. Ferner sollen die Axiome Beziehungen zwischen den Begriffen postulieren, die den inhaltlichen Bedeutungen dieser Begriffe nachempfunden sind. In seinen geometrischen Axiomen hat sich Hilbert selbstverständlich daran gehalten: Obwohl er prinzipiell verlangte, dass man sich unter „Punkt" und „Gerade" nichts vorstellen dürfe, hat er zum Beispiel in einem seiner Axiome gefordert, dass es auf einer Geraden stets mindestens zwei Punkte gibt – eine sinnvolle Forderung, denn eine Gerade, die aus gar keinem oder nur aus einem Punkt besteht, widerspricht jeder intuitiven Anschauung.

Axiomensysteme, die scheinbar geeignet waren, die intuitive Tätigkeit des Mathematikers als formales Spiel nachzuahmen, wurden zur Zeit Hilberts von einigen

Mathematikern vorgeschlagen. Das bekannteste und auch derzeit noch am häufigsten verwendete hat 1908 Ernst Zermelo (*1871, †1953) entworfen[24].

Zweitens schließt Hilberts Programm die Aufgabe ein, nachzuweisen, dass das vorgeschlagene Axiomensystem *widerspruchsfrei* und *vollständig* ist. Dies nämlich ist gerade der entscheidende Punkt: Betrachtet man Mathematik als formales Spiel mit Zermelos Axiomen als Spielregeln, dann sind Begriffe wie „Zahl" oder „unendlich" wie Spielkarten, die man nach den in den Axiomen festgesetzten Regeln auf den Spieltisch werfen kann. *Niemals* darf es dazu kommen, dass sowohl eine mathematische Aussage als auch die Leugnung dieser Aussage aus den Axiomen Zermelos folgt. Und *jede* sinnvoll gestellte mathematische Frage muss beantwortbar sein: Zermelos Axiome haben die Mathematik so umfassend zu begründen, dass man aus ihnen jedes Problem zumindest prinzipiell einer Lösung zuführen kann.

Hilberts Programm war unerhört ehrgeizig: Es sollte ein für alle Mal die Gewissheit liefern, dass sich in der Mathematik Cantors weder Widersprüche verbergen noch irgendwelche mathematischen Erkenntnisse denkbar sind, die sich nicht aus Zermelos Axiomen in Deduktionsketten logisch erschließen ließen.

Mit Enthusiasmus begannen Hilbert und einige seiner Schüler an der Verwirklichung dieses Programms zu arbeiten. Das Axiomensystem Zermelos schien sich zu bewähren, und Hilberts Assistent Gerhard Gentzen (*1909, †1945) konnte bei der Begründung der Widerspruchsfreiheit Teilerfolge erzielen. Alles schien prächtig zu laufen, als 1931 von Kurt Gödel die alles vernichtende Erkenntnis publiziert wurde:

Wenn ein formales mathematisches und widerspruchsfreies Axiomensystem in der Lage ist, die Arithmetik der Zahlen 1, 2, 3, 4, 5, … zu beschreiben, dann kann dieses Axiomensystem nie vollständig sein.

Kurt Gödel 1906–1978

Das Axiomensystem Zermelos beschreibt viel mehr als nur die Arithmetik der Zahlen 1, 2, 3, 4, 5, …, in ihm sind sogar Regeln enthalten, wie man mit Unendlichkeiten zu „rechnen" hat. Darum ist es umso mehr von Gödels Satz betroffen: Wenn Zermelos Axiomensystem widerspruchsfrei ist, dann kann es nie vollständig sein. Dies bedeutet, dass es stets ein mathematisches Problem – in der Sprache dieses Axiomensystems formuliert – gibt, welches mit den Mitteln des Systems weder positiv noch negativ gelöst werden kann. Pikanterweise stellte sich später heraus, dass gerade Hilberts erstes Problem seines Pariser Vortrages eine der unendlich vielen Fragen aufwarf, die mit den Axiomen Zermelos unentschieden bleiben.

Nachdem Gödel Hilberts Programm zertrümmert hatte, ließ die mathematische Schaffenskraft Hilberts nach. Hinzu kam noch, dass sich Deutschland 1933 in die Nacht des Österreichers aus Braunau ergab. Hermann Weyl verließ Göttingen unter Protest, viele andere von Hilberts Schülern mussten auswandern. Ein Jahr später fragte der Reichskultusminister Rust den alten Hilbert, ob es denn stimme, dass sein Institut „unter dem Weggang der Juden und Judenfreunde" gelitten habe. Hilbert gab unverfroren zur Antwort: „Gelitten? Das hat nicht gelitten, Herr Minister. Das gibt es doch gar nicht mehr!" Am 14. Februar 1943 ist Hilbert in Göttingen gestorben.

Gödels *Unvollständigkeitssatz* brachte zwar Hilberts Programm zu Fall, dafür befreite er die Mathematik von der Illusion, es handle sich bei ihr um eine Wissenschaft, die rein mechanisch nachvollziehbar wäre. Anders formuliert: Es ist undenkbar, Mathematik allein mit Rechenmaschinen zu betreiben. Wegen der außerordentlichen Bedeutung dieser Aussage wollen wir den Versuch wagen, ihre Begründung auf den nächsten Seiten darzulegen. Allerdings verfolgen wir nicht den unerhört komplizierten Beweisgang Gödels selbst, sondern wir begründen seinen Unvollständigkeitssatz mit einer Methode, die 1936 der englische Logiker Alan Turing (*1912, †1954) ersonnen hatte[25]. Wir kleiden Turings Beweis in eine Geschichte, eine höchst fremdartige, ausgefallene Geschichte, die, wenn man sich in sie hineinversetzen will, ganz langsam und sorgfältig gelesen werden möchte:

Wir begeben uns in eine phantastische Bücherwelt, in den Kosmos der *Universalbibliothek*. In dieser gigantischen, unendlich großen Bibliothek sind systematisch alle möglichen und alle unmöglichen Bücher der gesamten vergangenen und zukünftigen Weltliteratur gesammelt. Die Universalbibliothek setzt sich, beginnend mit den dünnsten Büchern, aus einer nie endenden Vielzahl von Bänden zusammen: Jedes Buch besteht aus Seiten, auf jeder Seite sind Buchstaben, Leerfelder, Satzzeichen, Ziffern gedruckt. Wir wollen uns mit dem lateinischen Alphabet in Groß- und Kleinbuchstaben, mit den Ziffern, den Satzzeichen, bestimmten Sonderzeichen begnügen. Dazu benötigen wir höchstens hundert verschiedene Lettern. Auf jeder Buchseite finden etwa 5000 Zeichen Platz.

So entstehen die *einseitigen* Bücher der Universalbibliothek: Das erste Buch hat nur eine Seite, auf ihr sind nur Leerfelder gedruckt; es ist völlig blank. Das zweite Buch hat nur eine Seite, links oben ist im ersten Feld ein „a" gedruckt, sonst besteht es nur aus Leerfeldern. Das dritte Buch hat nur eine Seite, links oben ist im ersten Feld ein „b" gedruckt, sonst besteht es nur aus Leerfeldern. So geht es weiter bis zum hundertsten Buch. Das 101. Buch hat auch nur eine Seite, links oben ist das erste Feld leer, im zweiten Feld ein „a" gedruckt, sonst besteht es nur aus Leerfeldern. Das 102. Buch hat nur eine Seite, es beginnt links oben mit „aa" und ist sonst leer. Das 103. Buch hat nur eine Seite, es beginnt links oben mit „ba" und ist sonst leer. So geht es stumpfsinnig weiter und weiter.

Wenn wir bedenken, dass eine Buchseite für 5000 Zeichen Platz bietet und wir an jedem Platz eine Auswahl von hundert verschiedenen Lettern unterbringen, ist klar, dass allein die

Zahl der möglichen *einseitigen* Bücher der Universalbibliothek schier astronomisch ist:
Man überlegt sich schnell, dass es sich um

$$100^{5000} = 10^{10000}$$

einseitige Bücher handelt, d. h. die Zahl der einseitigen Bücher der Universalbibliothek
ist eine Eins, gefolgt von zehntausend Nullen! Eine so große Zahl hat gar keinen ver-
nünftigen Namen. Wir hätten in unserem Universum nicht einmal genügend Papier, ja nicht
einmal genügend Platz, um allein alle einseitigen Bücher unterzubringen, aber all das soll
uns in unserem Gedankenexperiment nicht stören.

Nach den einseitigen Büchern kommen in der Universalbibliothek die *zweiseitigen* Bücher an die Reihe. Sie erhält man am einfachsten, indem man *alle* möglichen Kombinatio-
nen von zwei einseitigen Buchseiten zusammenheftet. Die Zahl von möglichen zweiseitigen Büchern ist darum noch um eine Größenordnung gigantischer: Sie beträgt

$$10^{10000} \times 10^{10000} = 10^{20000},$$

d. h. sie ist eine Eins, gefolgt von zwanzigtausend Nullen. In die nächsten sich in astro-
nomische Tiefen verlierenden Bücherregale werden die 10^{30000} *dreiseitigen* Bücher ge-
stapelt, dann kommen alle *vierseitigen* Bücher an die Reihe, und so geht es endlos weiter.

Es ist völlig unvorstellbar, welch ungeheure Schluchten von Bücherschränken die
Bibliothekare der Universalbibliothek hinter sich lassen müssen, um zu den Büchern zu gelangen, die hundert oder mehr Seiten besitzen. Die berühmte Kloster-
bibliothek in Umberto Ecos „Der Name der Rose" ist im Vergleich dazu nicht einmal ein Bücherbord. Jorge Luis Borges entwarf in der Geschichte „Die Bibliothek
von Babel" dichterisch die unendlichen, kafkaesken Hallen der Universalbibliothek.

So gigantisch die Universalbibliothek ist, so allumfassend ist sie auch. Jedes,
aber auch jedes nur denkbare Buch ist in ihr aufbewahrt: Wir finden in ihr Shakespeares „Hamlet" sowie auch Shakespeares „Hamlet" mit allen nur denkbaren
Druckfehlern, in allen Übertragungen in alle Sprachen, sogar in Sprachen, die erst
in jahrtausendeferner Zukunft von künftigen Menschengenerationen gesprochen
werden. Schon bei den einseitigen Büchern stößt man neben völlig unsinnigen
Wortkombinationen, ja sogar unaussprechbaren Zeichenketten, auf die Gedichte
von Paul Celan, auf meisterhafte, auf stümperhafte und auf schlichtweg falsche
Übersetzungen dieser Gedichte ins Englische. Es gibt ein einseitiges Buch, das mit
der ersten Strophe eines Gedichts von Ernst Jandl beginnt und mit der letzten Strophe eines Sonetts von Rilke endet, dazwischen befindet sich eine Zeile, die aus der
Zeichenkombination „1qay2wsx3edc4rfv5tgb6zhn" besteht.

Eines der einseitigen Bücher der Universalbibliothek besteht aus dem folgenden Text:

Beginne mit dem Verhältnis 1 : 1. Von einem Verhältnis, zu dem du gelangt bist, erhältst du
das nächste, indem du die Summe von Zähler und Nenner des alten Verhältnisses als neuen
Zähler und den Zähler des alten Verhältnisses als neuen Nenner schreibst. Berechne alle
Verhältnisse der Reihe nach als Dezimalzahlen! Diese Dezimalzahlen pendeln sich immer
näher und näher zu einer unendlichen Dezimalzahl ein; notiere die Ziffernfolge dieser unendlichen Dezimalzahl!

In diesem Buch der Universalbibliothek ergeht an den Leser eine Aufforderung. Zunächst hat er eine Folge von Verhältnissen anzuschreiben, die aufgrund des Textes so lauten:

$$1 : 1, 2 : 1, 3 : 2, 5 : 3, 8 : 5, 13 : 8,$$
$$21 : 13, 34 : 21, 55 : 34, 89 : 55,$$
$$144 : 89, 233 : 144, 377 : 233,$$
$$610 : 377, \ldots.$$

Dann sind die angeschriebenen Divisionen auszuführen:

$$1 : 1 = 1.000\,000\,000\ldots,$$
$$2 : 1 = 2.000\,000\,000\ldots,$$
$$3 : 2 = 1.500\,000\,000\ldots,$$
$$5 : 3 = 1.666\,666\,666\ldots,$$
$$8 : 5 = 1.600\,000\,000\ldots,$$
$$13 : 8 = 1.625\,000\,000\ldots,$$
$$21 : 13 = 1.615\,384\,615\ldots,$$
$$34 : 21 = 1.619\,047\,619\ldots,$$
$$55 : 34 = 1.617\,647\,058\ldots,$$
$$89 : 55 = 1.618\,181\,818\ldots,$$
$$144 : 89 = 1.617\,977\,528\ldots,$$
$$233 : 144 = 1.618\,055\,555\ldots,$$
$$377 : 233 = 1.618\,025\,751\ldots,$$
$$610 : 377 = 1.618\,037\,135\ldots,$$

Offenkundig pendeln sich die Ergebnisse wirklich zu einer unendlichen Dezimalzahl ein, die wir φ nennen wollen, und die jedenfalls nach den bisherigen Ergebnissen

$$\varphi = 1.6180\ldots$$

lautet. Wenn man die Rechnungen weiter fortführt, kommen mehr Ziffern von φ ans Tageslicht. Auf 35 Stellen nach dem Dezimalpunkt berechnet, lautet diese unendliche Dezimalzahl:

$$\varphi = 1.61803\ 39887\ 49894\ 84820\ 45868\ 34365\ 63811\ldots.$$

Wenn man die obigen Verhältnisse mit jenen vergleicht, die wir im ersten Kapitel im Zusammenhang mit dem Pentagramm angeschrieben haben, erkennen wir, dass die hier ermittelte unendliche Dezimalzahl φ genau das Verhältnis von Diagonale zur Seite des regelmäßigen Fünfecks darstellt. Seit Kepler nennt man φ das Verhältnis des *goldenen Schnitts*. All dies ist aber im Zusammenhang mit der Universalbibliothek nicht so wichtig. Wesentlich ist für uns nur, dass der oben genannte Text eines einseitigen Buches nichts anderes als ein *Programm zur Berechnung einer bestimmten unendlichen Dezimalzahl* darstellt.

Genau genommen handelt es sich um ein in deutscher Umgangssprache verfasstes Programm zur Berechnung der unendlichen Dezimalzahl φ. Selbstverständlich findet man in der Universalbibliothek sicher auch ein Buch, in dem dieses Programm in eine für einen Computer verständliche Sprache, zum Beispiel in die Computersprache BASIC, übersetzt wurde. (Wie alle anderen Computersprachen ist auch die Sprache BASIC so konzipiert, dass sie dem formalen System der Arithmetik der Zahlen 1, 2, 3, 4, ... genau entspricht – Computer sind eben nichts anderes als *Rechenmaschinen.*)

Ein anderer Text eines einseitigen Buches der Universalbibliothek beschreibt in deutscher Umgangssprache ein Verfahren zur Berechnung von π:

> Einem Kreis ist ein regelmäßiges Sechseck eingeschrieben und ein regelmäßiges Sechseck umgeschrieben. Die Verhältnisse der beiden Sechseckflächen zur Fläche des Quadrats mit dem Radius als Seite sind als Dezimalzahlen zu berechnen. Danach sind die Eckenzahlen der eingeschriebenen und umgeschriebenen Vielecke jeweils zu verdoppeln und stets die Verhältnisse der jeweiligen Vieleckflächen zur Fläche des Quadrats mit dem Radius als Seite als Dezimalzahlen zu berechnen. Auf diese Weise erhält man eine Folge von Dezimalzahlen, die sich immer näher und näher zu einer unendlichen Dezimalzahl einpendeln; notiere die Ziffernfolge dieser unendlichen Dezimalzahl!

Auch hier ist es klar, dass nicht nur Übersetzungen dieses Textes ins Englische oder ins Italienische, sondern auch in Computersprachen, zum Beispiel in BASIC, in der Universalbibliothek als Bücher aufzufinden sind.

Worauf es uns in dieser Geschichte über die Universalbibliothek ankommt, ist Folgendes: Gewisse der unzähligen Bücher in dieser Büchersammlung enthalten in der Computersprache BASIC verfasste Texte, die – in den Computer programmiert – ihn dazu veranlassen, die Ziffern einer unendlichen Dezimalzahl der Reihe nach zu berechnen. Umgekehrt findet man *jede* unendliche Dezimalzahl, die man irgendwie mit Hilfe eines computergeeigneten Programms beschreiben kann, sowohl im BASIC-Text, wie auch in den umgangssprachlichen deutschen, englischen, italienischen, ... Übersetzungen in Büchern der Universalbibliothek dargestellt. Die unendlichen Dezimalzahlen, die in diesem Sinne durch Bücher in der Universalbibliothek beschrieben sind, nennen wir die *berechenbaren unendlichen Dezimalzahlen.* Wie die oben zitierten Texte aus Büchern der Universalbibliothek lehren, sind das Verhältnis φ des goldenen Schnitts oder das Verhältnis π der Kreisfläche zur Fläche des Quadrats mit dem Radius als Seite Beispiele von berechenbaren unendlichen Dezimalzahlen.

Unsere Geschichte setzt sich noch skurriler fort: Wir denken uns neben die Universalbibliothek in einer riesigen, unendlichen Halle eine nie endende Folge von Computern aneinandergereiht. Alle diese Computer sind in der Lage, eine bestimmte Computersprache, zum Beispiel BASIC, zu verstehen. Wie es im Allgemeinen üblich ist, lautet die Voreinstellung des Ausgabefeldes aller dieser Computer einfach Null. Das bedeutet: Wenn der Maschine kein Programm oder ein ihr unverständliches Programm eingegeben wird, liefert sie als Resultat nichts anderes als die unendliche Dezimalzahl

$$0.00000\ 00000\ 00000\ 00000\ 00000\ 00000\ 00000\ \ldots,$$

eine ständige Folge von Nullen nach dem Dezimalpunkt.

Ein unermüdlicher Angestellter in dieser fantastischen Welt von Universalbibliothek und Computerkaskaden hat nun die Aufgabe, in den ersten Computer den Text des ersten Buches der Universalbibliothek zu programmieren, in den zweiten Computer den Text des zweiten Buches der Universalbibliothek zu programmieren, in den dritten Computer den Text des dritten Buches der Universalbibliothek zu programmieren, und dies ohne Ende. Nur wer von der trostlosen Beamtenwelt des alten Österreich las oder hörte, hat eine leise Ahnung, welch grotesk stumpfsinniger Aufgabe sich dieser Angestellte unterzieht. Jedoch, er ist bienenfleißig; rastlos eilt er mit jedem neuen Buch zum nächsten Computer und tippt fehlerfrei den Text ein.

In den meisten Fällen können die Rechenmaschinen mit den eingegebenen Texten überhaupt nichts anfangen. Wie sollte denn ein Computer auf die Eingabe einer Terzine von Hofmannsthal, einer wirren Zeichenfolge wie „7ujm8ik,9ol.0pö?üä" oder eines Werbetextes für ein Waschmittel reagieren? In den meisten Fällen werden daher die Computer die Nullmeldung

$$0.00000\ 00000\ 00000\ 00000\ 00000\ 00000\ 00000\ \dots$$

abliefern. Allerdings gibt es in der Universalbibliothek auch Texte, die – in einem korrekten Computerprogramm verfasst – die Maschine dazu bringen, die Ziffern einer unendlichen Dezimalzahl der Reihe nach zu berechnen. Einer dieser Texte verlangt vom Computer zum Beispiel, die Division 97 : 75 auszuführen. Dann liefert dieser Computer die unendliche Dezimalzahl

$$1.29333\ 33333\ 33333\ 33333\ 33333\ 33333\ 33333\ \dots$$

Andere Texte sind die korrekten BASIC-Programme zur Ermittlung der Ziffern von φ oder von π. Auch in diesen Fällen beginnen die Computer zu arbeiten und liefern der Reihe nach die entsprechenden Ziffern.

Je länger der Programmierer seiner Arbeit nachkommt, umso mehr Computer beginnen zu laufen, die meisten die Nullmeldung liefernd, weil sie mit unsinnigen Programmen gefüttert wurden, jeder aber von ihnen mit dem Ausdruck von Ziffern unendlicher Dezimalzahlen befasst. Weil wir in der Universalbibliothek die korrekte Beschreibung *jeder* berechenbaren unendlichen Dezimalzahl finden, wird *jede berechenbare unendliche Dezimalzahl von mindestens einem der Computer der unermesslichen Computerhalle ermittelt.*

Unter den unzähligen absurden Büchern der Universalbibliothek findet sich auch eines mit dem folgenden Text:

Es ist eine unendliche Dezimalzahl ψ zu berechnen, die zwischen 0 und 1 liegt, d. h. vor dem Dezimalpunkt mit 0 beginnt. Begib dich zum ersten Computer und stelle fest, welche erste Ziffer nach dem Dezimalpunkt dieser Computer liefert. Lautet diese Ziffer 0, notiere als erste Ziffer von ψ nach dem Dezimalpunkt 9; lautet hingegen diese Ziffer nicht Null, notiere als erste Ziffer von ψ nach dem Dezimalpunkt 0. Begib dich dann zum zweiten Computer und stelle fest, welche zweite Ziffer nach dem Dezimalpunkt dieser Computer liefert. Lautet diese Ziffer 0, notiere als zweite Ziffer von ψ nach dem Dezimalpunkt 9; lautet hingegen diese Ziffer nicht Null, notiere als zweite Ziffer von ψ nach dem Dezimalpunkt 0. Begib dich dann zum dritten Computer und stelle fest, welche dritte Ziffer nach

dem Dezimalpunkt dieser Computer liefert. Lautet diese Ziffer 0, notiere als dritte Ziffer
von ψ nach dem Dezimalpunkt 9; lautet hingegen diese Ziffer nicht Null, notiere als dritte
Ziffer von ψ nach dem Dezimalpunkt 0. Die gleiche Prozedur ist beim vierten, fünften,
sechsten, … Computer durchzuführen, wodurch der Reihe nach die Ziffern der unendlichen
Dezimalzahl ψ erhalten werden.

Wieder haben wir es mit einem in deutscher Umgangssprache verfassten Text zu
tun, der die Berechnung von Ziffern einer unendlichen Dezimalzahl ψ beschreibt.
Aber wie in allen anderen Beispielen muss es in der Universalbibliothek auch eine
in korrektes BASIC übersetzte Version dieses Textes geben. Das entsprechende
Buch in der Universalbibliothek muss sich in irgendeinem der unzähligen Regale
auffinden lassen. Wenn wir uns die Bücher, wie auch die Computer, der Reihe nach
durchnummeriert denken, soll dieses Buch mit dem BASIC-Programm zur Berechnung von ψ die Nummer N besitzen. Sicher ist N eine fantastisch große Zahl,
aber das spielt für den Clou der Geschichte überhaupt keine Rolle.

Wenn der emsige Programmierer den Text des N-ten Buches in den N-ten Computer eingegeben hat, beginnt das Programm zur Berechnung von ψ zu laufen: Zuerst ermittelt die Maschine, welche erste Ziffer nach dem Dezimalpunkt der erste
Computer ausgegeben hat: Ist sie 0, lautet $\psi = 0.9 \ldots$; ist sie hingegen von 0 verschieden, erhält man $\psi = 0.0 \ldots$. Dann ermittelt die Maschine, welche zweite Ziffer
nach dem Dezimalpunkt der zweite Computer ausgegeben hat: Ist sie 0, fügt sie 9
als nächste Ziffer von ψ an; ist sie hingegen von 0 verschieden, fügt sie 0 als nächste
Ziffer von ψ an. Dann ermittelt die Maschine, welche dritte Ziffer nach dem Dezimalpunkt der dritte Computer ausgegeben hat: Ist sie 0, fügt sie 9 als nächste Ziffer
von ψ an; ist sie hingegen von 0 verschieden, fügt sie 0 als nächste Ziffer von ψ an.
Dieses Verfahren geht scheinbar so lange gut, bis wir zur Berechnung der N-ten
Ziffer von ψ kommen: Hier geraten wir in ein unausweichliches Dilemma. Die N-te
Ziffer von ψ nach dem Dezimalpunkt kann einerseits *nicht Null* sein: Wäre sie nämlich 0, müsste sie die Maschine aufgrund des in ihr eingegebenen Programms durch
9 ersetzen. Die N-te Ziffer von ψ nach dem Dezimalpunkt kann andererseits auch
nicht von Null verschieden sein: Wäre sie nämlich von 0 verschieden, müsste sie die
Maschine aufgrund des in ihr eingegebenen Programms durch 0 ersetzen.

Wie retten wir uns aus dieser Verlegenheit?
Indem wir uns fragen: Wie sind wir überhaupt in diese Verlegenheit geraten?

Die Konstruktion der unendlichen Dezimalzahl ψ wurde so getroffen, dass ψ unmöglich mit der vom ersten Computer berechneten unendlichen Dezimalzahl
übereinstimmt, weil sich beide in der ersten Ziffer nach dem Dezimalpunkt unterscheiden. ψ stimmt auch sicher nicht mit der vom zweiten Computer berechneten
unendlichen Dezimalzahl überein, weil sich beide in der zweiten Ziffer nach dem
Dezimalpunkt unterscheiden. Ferner stimmt ψ nicht mit der vom dritten Computer
berechneten unendlichen Dezimalzahl überein, weil sich beide in der dritten Ziffer
nach dem Dezimalpunkt unterscheiden. Dieses Argument kann man beliebig weit
fortsetzen und hieraus schließen, dass ψ mit *keiner einzigen* der von den unendlich
vielen Computern berechneten unendlichen Dezimalzahlen übereinstimmen kann.

Die oben beschriebene unendliche Dezimalzahl ψ ist von allen berechenbaren
unendlichen Dezimalzahlen verschieden.

Dies ist eine höchst eigenartige Feststellung, denn der Text des N-ten Buches beinhaltet scheinbar ein korrekt formuliertes Programm zur Berechnung von ψ. Wie löst sich dieser Widerspruch?

Er löst sich allein dadurch, dass man einsieht: die im N-ten Buch formulierte Darstellung von ψ stellt *keine Berechnung* der Ziffern von ψ dar. Warum nicht? Turing fand die Antwort:

Betrachten wir einen der unzähligen Computer in der riesigen Computerhalle bei der Arbeit: Wir wollen annehmen, dass der in ihm einprogrammierte Text in korrekt formuliertem BASIC verfasst wurde, so dass die Maschine in der Tat Ziffern einer unendlichen Dezimalzahl α berechnet. Eine Sekunde nach Rechenbeginn spuckt der Computer das Ergebnis

$$\alpha = 9.6\ldots$$

aus. Zehn weitere Sekunden später liefert er genauer

$$\alpha = 9.64\ldots.$$

Eine Minute später kommt es zum Ausdruck

$$\alpha = 9.648\ldots.$$

Zehn Minuten danach errechnet er

$$\alpha = 9.6483\ldots.$$

Bis zur nächsten Ziffer müssen wir schon eine Stunde warten, dann wird

$$\alpha = 9.64835\ldots$$

ausgegeben. Auf die sechste Ziffer von a nach dem Dezimalpunkt harren wir fünf Tage lang, erst dann bequemt sich die Maschine zur Bekanntgabe von

$$\alpha = 9.648351\ldots.$$

Nun rechnet der Computer die siebente Ziffer von α nach dem Dezimalpunkt aus. Er rechnet und rechnet und rechnet. Tagelang, wochenlang, monatelang, jahrelang. Wir fragen uns: Wird ihm je die Berechnung der siebenten Ziffer von α nach dem Dezimalpunkt gelingen? Es ist nämlich denkbar, dass im Computerprogramm zur Berechnung von α eine sogenannte *Schleife* verborgen ist, welche dafür sorgt, dass der Computer, ohne zu einem Ziel zu gelangen, unendlich lang seine internen Zahlenverschiebungen bewerkstelligt. Wenn dies bei der Berechnung der siebenten Ziffer von α nach dem Dezimalpunkt tatsächlich der Fall ist, dann kommt es nie mehr zu weiteren Ausgaben von Ziffern und es verbleibt

$$\alpha = 9.64835\,1000\,00000\,00000\,00000\,00000\,00000\ldots.$$

Es ist aber auch denkbar, dass die Berechnung der siebenten Ziffer von α nach dem Dezimalpunkt keine Schleife in sich trägt, dass nach zehn, oder nach hundert Jahren ununterbrochenen Rechnens schließlich ein Ergebnis erhalten wird und

$$\alpha = 9.64835\,17\ldots$$

als nächste Eintragung aufscheint. Nur mit einer genauen Analyse des zugrunde liegenden Programms besteht eine Chance zu entscheiden, ob es bei seiner Ausführung in eine Schleife gerät oder nicht. Und genau dies ist der entscheidende Punkt in der Definition von ψ:

Die unendliche Dezimalzahl ψ wäre nämlich nur dann eine wirklich *berechenbare* unendliche Dezimalzahl, wenn wir jedes der unendlich vielen Computerprogramme in der Universalbibliothek *formal* – d. h. mit Hilfe eines in der Sprache BASIC formulierten Programms – danach analysieren könnten, ob es irgendwann bei seiner Ausführung in eine Schleife gerät oder nicht. Denn nur dann wären wir in der Lage, in endlicher Zeit die Ziffern der von diesen Computerprogrammen dargestellten unendlichen Dezimalzahlen der Reihe nach anzugeben. Wenn wir hingegen zum Beispiel beim Programm der Berechnung der obigen unendlichen Dezimalzahl α *prinzipiell* mit *keinem* BASIC-Programm entscheiden können, ob der Computer beim Ermitteln der siebenten Stelle nach dem Dezimalpunkt in einer Schleife hängt oder nicht, bleiben uns ab dieser siebenten Stelle alle weiteren Ziffern von α für immer verborgen. Der Computertext zur Berechnung von α soll im M-ten Buch der Universalbibliothek verzeichnet sein, und M ist mit Sicherheit eine astronomisch große Zahl. Weil wir aber *nie* die M-te Ziffer von α nach dem Dezimalpunkt kennen werden, können wir auch *nie* die M-te Ziffer von ψ nach dem Dezimalpunkt berechnen, denn diese soll ja gerade von der M-ten Ziffer von α verschieden sein.

An dieser Unkenntnis in der formalen Analyse von Computerprogrammen liegt es, dass ψ in Wahrheit *keine* berechenbare unendliche Dezimalzahl ist. Nur wenn wir uns eingestehen, dass wir im Sprachspiel der formalen Programmiersprache BASIC prinzipiell nicht befähigt sind, bei jedem Computerprogramm zu entscheiden, ob es irgendwann hält oder ob es in eine unendliche Schleife gerät, haben wir den Widerspruch zur scheinbar konzis formulierten „Berechnung" der nicht berechenbaren unendlichen Dezimalzahl ψ überwunden. Dies war Turings fundamentale Erkenntnis.

Mit dieser Einsicht Turings bricht Hilberts Programm des vollständigen formalen mathematischen Systems in sich zusammen. Wir erinnern uns: Hilbert forderte, dass jedes korrekt formulierte mathematische Problem innerhalb seines Systems eine Lösung besitzen müsse. Ja es gäbe sogar einen, zwar unfassbar mühsamen, aber dennoch systematischen Weg zur maschinellen Lösung jedes mathematischen Problems, wenn das formale mathematische System tatsächlich *vollständig* wäre. Wir brauchten „nur" alle Bücher der Universalbibliothek der Reihe nach zu lesen. In einem dieser Bücher müsste nämlich die exakte formale Lösung des gestellten mathematischen Problems gedruckt sein. Zweifellos wäre diese Methode grotesk unpraktisch, aber sie stellte zumindest eine prinzipielle Möglichkeit dar und belegt zugleich, dass Hilberts formale Mathematik nur scheinbar von Fantasie und Kreativität durchdrungen ist. In Wahrheit handelt es sich bei ihr um eine blinde maschinelle Technik.

Turing lehrte anhand der verrückten unendlichen Dezimalzahl ψ, dass es ein korrekt formuliertes mathematisches Problem geben muss, das wir *nicht zu* lösen imstande sind: Denn es gibt mindestens ein Computerprogramm, bei dem wir prinzipiell nicht entscheiden können, ob es anhält oder ob es in eine unendliche Schleife gerät.

Jeden nur einigermaßen geistig regen Menschen muss Hilberts Programm der total formalisierten Mathematik in Grauen und Abscheu versetzen. All die von brillanten Ideen getragenen Erkenntnisse, dass das Verhältnis φ des goldenen Schnitts kein Verhältnis ganzer Zahlen ist, dass es unendlich viele Primzahlen gibt, dass man den Flächeninhalt des Parabelsegments exakt berechnen kann, dass mit der Differenzialrechnung die Veränderungen in der Natur erfasst werden, dass es zu jeder unendlichen Folge unendlicher Dezimalzahlen noch eine unendliche Dezimalzahl gibt, die nicht von dieser Folge genannt wird, all diese Einsichten, welche wir dem Einfallsreichtum von Mathematikern verdanken, gefrieren in Hilberts formalem System zu mechanisch produzierten Zeichenreihen. Gödel und Turing vereitelten Hilberts Programm und befreiten damit zugleich die Mathematik vom Gefängnis des rein Formalen. In ihr steckt mehr als nur kalter Formalismus. Um ihr gerecht zu werden, muss man mehr leisten, als nur rein mechanisch zu denken.

Brouwer und die unendliche Freiheit 7

Die Entwicklung der Mathematik verlief im zwanzigsten Jahrhundert zwiespältig. Auf der einen Seite kam es zu einer wahren Wissensexplosion im Zusammenhang mit der Differenzialrechnung: David Hilbert hatte in einer Phase seiner produktivsten Forschungsjahre die mathematische Grundlage all dessen gelegt, worauf spätere Mathematiker und Physiker die Quantenphysik aufbauen konnten. Ein weites mathematisches Feld, die sogenannte *Funktionalanalysis,* gab den Physikern das mathematische Werkzeug für ihre modernen Theorien in die Hand und ruht in wichtigen Bereichen auf Hilberts Veröffentlichungen. Heutzutage ist die Funktionalanalysis zu einem schier unüberblickbaren Teilgebiet der Mathematik herangewachsen. Durften Poincaré, Hilbert und zuletzt vielleicht noch Hermann Weyl von sich behaupten, die gesamte Mathematik bis zum jeweils neuesten Wissensstand zu beherrschen, kann gegenwärtig wohl kein einziger Mathematiker mehr seriös für sich die Durchdringung eines ihrer Teilgebiete, wie etwa der Funktionalanalysis, beanspruchen.

Eine andere Teildisziplin der Mathematik, die sogenannte *qualitative Theorie der Differenzialgleichungen,* geht im Wesentlichen auf Henri Poincaré zurück und hat sich vor allem durch die Unterstützung der immer effektiver arbeitenden elektronischen Rechengeräte rasant entwickelt: Fragen der Selbstorganisation (vor allem im Zusammenhang mit der Biologie) und der chaotischen Entwicklung von Systemen (von denen das Wetter wohl das auffälligste Beispiel darstellt) beruhen letztlich auf dieser Theorie. Bekanntlich hat sich gerade jetzt im beginnenden 21. Jahrhundert die wissenschaftliche Populärliteratur dieser Themen besonders angenommen: Die Fragen, ob „Gott Roulette spielt" oder wie „Ordnung und Chaos" zusammenhängen, beschäftigen nicht nur Mathematiker und Naturwissenschafter, sondern auch Ingenieure, Ökonomen und eine breite, wissenschaftlich interessierte Öffentlichkeit. Dabei sind Funktionalanalysis und die qualitative Theorie der Differenzialgleichungen nur zwei Beispiele mathematischer Teilgebiete.

Der Wissenszuwachs in altehrwürdigen Disziplinen wie der Algebra, der Zahlentheorie, der Geometrie (besonders der sogenannten Differentialgeometrie) ist ebenfalls unüberblickbar. Zwar gibt es noch internationale, europäische und große

© Springer-Verlag GmbH Deutschland, ein Teil von Springer Nature 2022
R. Taschner, *Das Unendliche*, https://doi.org/10.1007/978-3-662-64544-4_7

nationale Mathematikerkongresse, jedoch ist es keinem Teilnehmer mehr möglich,
allen Vorträgen in den verschiedensten Sektionen zu folgen. Es ist auch nie mehr zu
erwarten, dass ein Mathematiker wie seinerzeit Hilbert je wieder die wichtigsten 23
mathematischen Probleme der nächsten hundert Jahre der mathematischen Weltge-
meinschaft vorsetzen wird.

Auf der anderen Seite hat sich unter den Mathematikern nach dem Zusammenbruch von Hilberts Programm der formalaxiomatischen Begründung der Mathematik eine Stimmung der Resignation breit gemacht. Die meisten Mathematiker sind
seither von zwei Denkrichtungen geprägt: von der Schule der *Formalisten* oder von
der Schule der sogenannten *Platonisten*. Die Vertreter dieser Schulen nehmen die
folgenden Positionen ein:

Die *Formalisten* nehmen den formalen axiomatischen Zugang zur Mathematik
immer noch ernst. Am Beginn all ihrer Theorien steht das Axiomensystem von Zermelo (vielleicht mit geringfügigen Abwandlungen). Die gesamte Mathematik sehen
sie als Theorie, deren Thesen aus Deduktionsketten von diesen Axiomen gewonnen
werden. Der berühmteste Mathematiker dieser Schule ist Nicolas Bourbaki, ein
Professor der Universität Nancago. In Anlehnung an die *Elemente* des Euklid verfasste er ein mehrbändiges Werk unter dem Titel *Eléments de Mathématique* mit
dem Anspruch, aus dem Axiomensystem Zermelos die wesentlichen Resultate *aller*
mathematischen Disziplinen herzuleiten[26]. Dieser Anspruch überwältigt im Hinblick auf die immense Reichhaltigkeit der modernen Mathematik einen einzelnen
Menschen: Wie kann ein Einzelner glauben, dieser Aufgabe gerecht werden zu können? In der Tat handelt es sich bei Bourbaki um keine Person, dieser Name steht
vielmehr als Pseudonym einer ganzen Gruppe hervorragender, überwiegend franzö-
sischer Mathematiker. Auch der Ort Nancago existiert nicht, sondern ist eine Ver-
ballhornung der beiden Universitätsstädte Nancy und Chicago. Aber auch ein Ma-
thematikerkollektiv wird von der Aufgabe, die gesamte bisher bekannte Mathematik
formal aufzubereiten, offensichtlich überfordert. Wie *Der Mann ohne Eigenschaf-
ten* Musils scheint auch das Buch von Bourbaki, des Mathematikers ohne Eigen-
schaften, unvollendet zu bleiben. Die in seinem Namen schreibende Gruppe wirkt
erschöpft, der einstige Elan ist ihr abhanden gekommen. Der in den sechziger und
siebziger Jahren des vorigen Jahrhunderts vorherrschende Trend, Mathematikvorle-
sungen im Stile Bourbakis zu halten, ist versiegt. Sogar in Schulen versuchte man
in den siebziger Jahren unter dem Schlagwort „Mengenlehre", den Mathematikun-
terricht im Sinne von Bourbaki mit formalen Strukturen zu durchsetzen: Es endete
in einer pädagogischen Katastrophe.

Die Formalisten müssen zusätzlich mit dem Problem kämpfen, dass Gödels Satz
ihnen ständig die Unvollständigkeit des Axiomensystems von Zermelo vorwirft.
Manche unter den Formalisten sehen hierin aber einen Gewinn: Wenn eine mathematische Hypothese vorliegt, deren Beweis oder deren Widerlegung nach jahrelan-
gem erbittertem Bemühen bisher noch nicht gelang, dann wäre es wegen der Unvollständigkeit der Axiome Zermelos denkbar, dass die Begründung oder die
Widerlegung dieser Hypothese aus Zermelos Axiomen *prinzipiell* unmöglich ist.
Dies eröffnet die Möglichkeit, diese Hypothese als *neues* Axiom in das Axiomensystem mit aufzunehmen und zu erforschen, welche Folgerungen man hiermit

gewinnt. Auf diese Weise bildet sich eine Art *experimenteller Mathematik* heraus. Nur muss man sich ständig der Tatsache bewusst sein, dass die Aufnahme noch so vieler unbeweisbarer und unwiderlegbarer Hypothesen das Axiomensystem nie vervollständigen kann, denn auch für jedes erweiterte widerspruchsfreie Axiomensystem bleibt der Satz von Gödel gültig.

Der eben vorgetragene Entwurf einer „experimentellen Mathematik" verdeutlicht zugleich eine viel schmerzhaftere Schwachstelle der Position des Formalismus: Die Mathematik wird zu einem *Spiel* degradiert, dessen Bezug zur Wirklichkeit ein Formalist nie thematisiert. Mathematische Erkenntnisse sind im Sinne des Formalismus stets nur *ableitbar* und daher höchstens *richtig*, aber niemals *wahr*. Die Anwendbarkeit der Mathematik in den Natur-, Gesellschafts- und Wirtschaftswissenschaften bleibt jedem Formalisten ein Rätsel (sofern er überhaupt die Möglichkeit einer wissenschaftlichen Durchdringung der sinnlich erfahrbaren Welt anerkennt).

Die sogenannten *Platonisten* vertreten eine den Formalisten in vielerlei Hinsicht entgegengesetzte Position: Sie glauben an das effektive Vorhandensein mathematischer Objekte. Sie glauben insbesondere, dass ein Universum von Zahlen *und auch von Unendlichkeiten* existiert. Insofern sind sie treue Jünger Cantors. Der Name „Platonist" ist eigentlich etwas verfehlt: Platon hatte die Welt seiner *Ideen* als die eigentliche Wirklichkeit angesehen und die uns sinnlich erfahrbare Welt nur als zum Teil verzerrtes, zum Teil trügerisches und jedenfalls nicht treues Abbild der Ideenwelt aufgefasst. Ihm wäre auch die *Idee* eines rechtwinkligen Dreiecks oder die *Idee* der Primzahlen genauso wenig fremd gewesen wie die von ihm als höchste aller Ideen verstandene *Idee des Wahren, Guten und Schönen*. Allerdings ist es mehr als fraglich, ob Platon die Idee einer vorgegebenen Unendlichkeit anerkannt hätte. Die Vorstellung, es gäbe eine von vornherein in sich abgeschlossene Unendlichkeit, war ja *allen* griechischen Mathematikern völlig fremd. Die Platonisten unter den Mathematikern kommen aber ohne diese Unendlichkeiten nicht aus: In ihrem Ideenhimmel sind sie genauso vorhanden wie die Ideen der Zahlen, der geometrischen Figuren, der abstrakten mathematischen Begriffe. Für die Platon am meisten betreffenden Ideen der menschlichen Seele, der moralischen Prinzipien, des Kosmos als Ganzem, interessieren sich die platonistischen Mathematiker naturgemäß nicht.

Es ist nicht ganz falsch, sich die Gruppe der platonistischen Mathematiker wie eine religiöse Glaubensgemeinschaft vorzustellen. Denn es gibt keinen sinnlich erfahrbaren oder wissenschaftlich belegbaren Grund, Unendlichkeiten als vorgegebene Ganzheiten aufzufassen. Dass man dies darf, ist eigentlich nichts anderes als ein unbeweisbares und unüberprüfbares *Dogma*. Die Analogie zur religiösen Gemeinde geht aber noch weiter: Wie Sekten für Außenstehende völlig unfassbare Erfolge bei der Indoktrination ihrer meist jugendlichen Anhänger erzielen, gängelt auch der mathematische Unterricht im Sinne der platonistischen Auffassung die Schüler und Studenten fast unmerklich in die gewünschte Richtung: Wie selbstverständlich werden endliche und unendliche Mengen als gleichwertige Denkobjekte betrachtet. Dass es eigentlich undenkbar ist, einen Katalog bestehend aus unendlich vielen Karteikarten bis zum Ende zu durchlaufen, wird nie problematisiert. Und die Anhänger fühlen sich in dem platonischen Universum, voll von Unendlichkeiten,

wie im Paradies – jenem Paradies, von dem Hilbert sagte, dass Cantor es uns ver-
kündete. Falls sich jedoch in dem einen oder anderen der „Gläubigen" Skepsis oder
Zweifel regen sollte, können die Platonisten noch immer auf die Schule der Formalisten verweisen, die eine zumindest scheinbare logische Absicherung aller im Trai-
ning eingetrichterten Vorstellungen über Unendlichkeiten anzubieten trachten.

Luitzen Egbertus Jan Brouwer 1881–1966

Diese etwas polemisch formulierte Beschreibung der beiden Schulen deutet an,
dass von außen betrachtet beide Denkrichtungen nicht von sich behaupten dürfen,
den mathematischen Stein der Weisen entdeckt zu haben. Die Formalisten verlieren
sich in einem mathematischen Spiel ohne Bezug zur Realität. Die sogenannten Platonisten berufen sich zwar auf eine Wirklichkeit, deren Vorhandensein jedoch niemand *erfahren* kann, sondern nur wie ein Dogma *geglaubt* wird. Die meisten Mathematiker denken daher in ihrer praktischen Arbeit kaum mehr an diese
Grundlagenfragen. Sie haben in ihrer Ausbildung zumeist die Schulung in der Glau-
bensgemeinde der Platonisten hinter sich gebracht und nehmen nun pragmatisch
den Standpunkt guter Agnostiker ein: Mit dem Erfolg ihrer mathematischen Detail-
arbeit meinen sie mehr ausrichten zu können, als allzu lang sinnlos über die Rechtfertigung des Unendlichen zu spekulieren.

Allerdings gibt es noch eine dritte Schule. Nur sehr wenige Mathematiker gehö-
ren ihr an und dies – wie wir bald sehen werden – aus einem naheliegenden Grund.
Man nennt diese dritte Schule jene der *intuitionistischen* bzw. der *konstruktiven*
Mathematik. Als ihr Begründer gilt Luitzen Egbertus Jan Brouwer.

Brouwer, geboren am 27. Februar 1881 in Overschie und verstorben am 2. De-
zember 1966 in Blaricum in den Niederlanden, war ohne Zweifel einer der ideen-
reichsten Mathematiker seiner Zeit. Dies belegt allein die Tatsache, dass ihm die
Lösung des fünften der 23 im Pariser Vortrag vorgelegten Probleme Hilberts gelang.
Hilbert erkannte auch die hervorragenden mathematischen Leistungen Brouwers
an, war jedoch umso mehr davon unangenehm berührt, dass sich Brouwer als Anhänger der Kritik Kroneckers gegenüber Cantors unendlichen Dezimalzahlen de-
klarierte. Die Gegnerschaft zwischen Hilbert und Brouwer kann man sich nicht
heftig genug vorstellen: Beide Mathematiker versuchten prominente Fürsprecher

ihrer verfeindeten Positionen zu gewinnen, sogar Einstein war davon betroffen und versuchte sich mit allen Mitteln aus diesem, wie er sagte, „Krieg zwischen Fröschen und Mäusen" herauszuhalten. Vielleicht war der Kampf zwischen Hilbert und Brouwer auch wegen des sicher nicht angenehmen Charakters Brouwers so erbittert: Brouwers Selbstbewusstsein stand dem Hilberts nicht nach, kompromisslos glaubte er, seine Ideen verteidigen zu müssen, in der Ablehnung der Mathematik Cantors war er unerbittlich. Wer sein von tiefen Falten zerfurchtes, asketisches Gesicht, seine hagere Gestalt, sein unnahbares Wesen wahrnahm, glaubte sich nicht so sehr mit einem Wissenschafter als vielmehr mit einem Priester aus dem Tempel der Weisheit konfrontiert.

Worauf beruht Brouwers intuitionistische Mathematik, die Hilbert als einen „Putsch" gegen den mathematischen Fortschritt anprangerte, während Hilberts Schüler Weyl begeistert in ihr den Schlüssel zur Lösung aller Fragen nach dem Unendlichen sah („Brouwer, das ist die Revolution!")?

Betrachten wir als Beispiel eine der unendlich vielen unendlichen Dezimalzahlen Cantors, zum Beispiel die bereits von Archimedes erahnte Größe

$$\pi = 3.14159\ 26535\ 89793\ 23846\ 26433\ 83279\ 50288 \dots$$

Schon Archimedes hätte ohne weiteres anerkannt, dass man mit fortschreitender Genauigkeit in der Abschätzung der Kreisfläche durch ein und umgeschriebene Vielecke im Prinzip *beliebig viele* Ziffern nach dem Dezimalpunkt von π berechnen kann. Cantors Mathematik behauptet aber überdies, dass es *die gesamte unendliche Folge* der Ziffern von π nach dem Dezimalpunkt von vornherein *gibt*. Die damit einhergehende Erfassung des Unendlichen lehnt Kronecker ab, und Brouwer stimmt hierin Kronecker zu. Während Kronecker den Begriff der unendlichen Dezimalzahl rundweg vermied, versucht ihn Brouwer jedoch zu retten. Nicht im idealistischen Überschwang Cantors, sondern in einer präzisen realistischen Analyse: Was sollen wir uns unter unendlichen Dezimalzahlen vorstellen?

Wir sollen uns nur das unter unendlichen Dezimalzahlen vorstellen, was wir uns unter ihnen vorstellen *können:* Von der unendlichen Dezimalzahl π kennen wir die *gesamte* Ziffernfolge nach dem Dezimalpunkt *nicht*, wir können aber *beliebig viele* Ziffern nach dem Dezimalpunkt berechnen. Dies ist der entscheidende Unterschied.

Cantor sagt: „Eine unendliche Dezimalzahl α ist durch eine ganze Zahl vor dem Dezimalpunkt und durch eine *vorgegebene* Folge von Ziffern nach dem Dezimalpunkt gegeben."

Brouwer sagt hingegen: „Eine unendliche Dezimalzahl α ist dann gegeben, wenn man α stets als endliche Dezimalzahl mit *beliebig vielen* Stellen nach dem Dezimalpunkt auf diese jeweilige Anzahl von Dezimalstellen genau erfassen kann."

Um es am Beispiel von π zu präzisieren: Brouwer erkennt π als unendliche Dezimalzahl an, weil man jemanden, der π auf fünf Stellen nach dem Dezimalpunkt genau kennen möchte, die Antwort

$$\pi = 3.14159 \dots$$

geben kann, jemanden, der π auf zwanzig Stellen nach dem Dezimalpunkt genau kennen möchte, das Resultat

$$\pi = 3.14159\ 26535\ 89793\ 23846 \dots$$

mitteilen kann. Und weil wir überzeugt sind, bei hinreichend langer und mühsamer Rechenarbeit auch jemanden, der π auf 70 Billionen Stellen nach dem Dezimalpunkt genau kennen möchte, mit einer Lösung versorgen zu können. *Nie aber spricht Brouwer von allen Ziffern von π nach dem Dezimalpunkt.* Noch pointierter ausgedrückt: *Der ganze Unterschied in den Positionen von Cantor und Brouwer liegt in den drei Punkten ... der Formel*

$$\pi = 3.14159\ 26535\ 89793\ 23846\ 26433\ 83279\ 50288 \dots$$

verborgen:

Brouwer meint: „Hier ist π auf 35 Stellen nach dem Dezimalpunkt genau berechnet. Die drei Punkte ... symbolisieren, dass man π auch auf mehr als nur auf 35 Dezimalstellen genau berechnen kann."

Cantor sagt hingegen: „Hier sind die ersten 35 Dezimalstellen von π. Es gibt unendlich viele Dezimalstellen von π. Die unendlich vielen nach den ersten 35 folgenden werden durch die drei Punkte ... symbolisiert."

Auf den ersten Eindruck empfindet man diesen Streit als Spiegelfechterei. Wieso lösen solche Spitzfindigkeiten derart heftige Positionskämpfe innerhalb der sonst als so trocken und nüchtern verschrienen Gesellschaft der Mathematiker aus? Dies begreift man erst dann, wenn man eine der Konsequenzen von Brouwers Verständnis der unendlichen Dezimalzahlen erfährt:

Wir wollen auf eine absolut willkürliche Art mit Hilfe der Ziffer 7 und der unendlichen Dezimalzahl π eine neue unendliche Dezimalzahl ψ konstruieren, die vor dem Dezimalpunkt mit 0 beginnt. Die Ziffern von ψ nach dem Dezimalpunkt errechnen sich aus der folgenden Vorschrift: Sollte die erste Stelle von π nach dem Dezimalpunkt 7 lauten, ist die erste Dezimalstelle von ψ die Ziffer 9, ansonsten die Ziffer 0. Sollten die zweite und die dritte Stelle von π nach dem Dezimalpunkt 7 lauten, ist die zweite Dezimalstelle von ψ die Ziffer 9, ansonsten die Ziffer 0. Sollten die dritte, vierte und fünfte Stelle von π nach dem Dezimalpunkt 7 lauten, ist die dritte Dezimalstelle von ψ die Ziffer 9, ansonsten die Ziffer 0. Es ist klar, wie die Vorschrift zur Berechnung der Ziffern von ψ allgemein lautet: Sollte ab der n-ten Stelle von π nach dem Dezimalpunkt ein Ziffernblock von n Siebenern auftreten, ist die n-te Dezimalstelle von ψ die Ziffer 9, ansonsten die Ziffer 0. Mit anderen Worten: Die unendliche Dezimalzahl ψ hat nur dann an einer Stelle nach dem Dezimalpunkt 9 als Ziffer, wenn ab der entsprechenden Dezimalstelle von π ein Siebenerblock von Ziffern kommt, der länger als alle bisher angeschriebenen Dezimalstellen von π ist. Da zum Beispiel π nicht mit 3.7... , sondern mit 3.1 ... beginnt, lautet ψ in erster Näherung $\psi = 0.0 \dots$. Da sich weiter π nicht als 3.177... , sondern als 3.141 ... fortsetzt, lautet ψ weiter berechnet $\psi = 0.00 \dots$. Wir wissen ferner, dass π sich nicht als 3.14777... , sondern als 3.14159... errechnet, darum lautet ψ genauer: $\psi = 0.000 \dots$. Um zum Beispiel ψ auf 35 Dezimalstellen genau zu berechnen, muss man (maximal) die ersten 69 Dezimalstellen von π kennen. Da innerhalb dieser Stellen keine genügend langen Siebenerblöcke in der Dezimalentwicklung von π vorkommen, ist zumindest auf 35 Stellen nach dem Dezimalpunkt ψ durch

$$\psi = 0.00000 \ 00000 \ 00000 \ 00000 \ 00000 \ 00000 \ 00000 \ldots$$

gegeben. *Wir wissen aber nicht,* ob zum Beispiel ab der trillionsten Dezimalstelle von π ein riesig langer Siebenerblock, bestehend aus mindestens einer Trillion Siebenern, auftritt. Soweit hat man π noch nicht errechnet. Es ist auch äußerst unwahrscheinlich, dass irgendein Mathematiker jemals aus der subtilen Gesetzmäßigkeit, nach der die Ziffern von π nach dem Dezimalpunkt aufeinanderfolgen, schließen wird können, dass es *nie* zu genügend langen Siebenerblöcken kommt und dass daher *alle* Ziffern von ψ nach dem Dezimalpunkt 0 lauten. (Sollte der unwahrscheinliche Fall eintreten, dass einem Mathematiker der Beweis eines derartigen Satzes gelänge, zieht Brouwer im Gegenzug statt π eine andere unendliche Dezimalzahl mit einer noch viel undurchschaubareren Ziffernentwicklung zur Konstruktion von ψ heran.) Der entscheidende Punkt in der Argumentation Brouwers lautet: Da uns zur Berechnung der Ziffern von ψ nach dem Dezimalpunkt keine andere Wahl offen steht, als die Ziffern von π nach dem Dezimalpunkt der Reihe nach zu inspizieren, *werden wir nie entscheiden können, ob ψ mit Null übereinstimmt oder nicht.* Denn es liegt gerade im *Wesen* eines *unendlichen* Katalogs von Ziffern, dass man ihn *nie* ganz durchlaufen kann. Brouwers Folgerung lautet kurz gefasst:

Es gibt keinerlei Grund zur Annahme, dass eine unendliche Dezimalzahl ψ entweder mit Null übereinstimmt oder von Null verschieden ist.

Diese Aussage scheint jeder Logik zu widersprechen. Schon Aristoteles formulierte als logisches Prinzip: Entweder ein Sachverhalt besteht oder er besteht nicht, *tertium non datur,* ein Drittes gibt es nicht. Brouwer hingegen erkennt: Wenn das Unendliche ins Spiel kommt und man den Begriff des Unendlichen als ein *nie zu Ende Kommendes* ernst nimmt, dann verliert das Prinzip des tertium non datur seine Gültigkeit.

Jetzt wird klar, warum Hilbert Brouwers Thesen als einen „Putsch" gegen die Mathematik auffasst: Wenn man von einer unendlichen Dezimalzahl *prinzipiell* nie behaupten kann, dass sie entweder mit Null übereinstimmt oder von Null verschieden ist, stürzt das gesamte von Cantor mit den unendlichen Dezimalzahlen errichtete mathematische Gebäude in sich zusammen. Deshalb Hilberts wütende Reaktion: Würde man Brouwer folgen, verführe man mit den Mathematikern, wie wenn man den Astronomen ihre Fernrohre oder den Boxern ihre Handschuhe raubte[27].

Brouwer hingegen beharrt darauf: Nimmt man das Unendliche als Begriff ernst, muss sich unser Sprechen und unsere Logik auf das Wesen dieses Begriffs einstellen – selbst wenn sich hieraus skurrile Folgerungen ergeben.

Wir deuten dies anhand eines zweiten Beispiels an: Es liege eine Strecke zwischen den Punkten A und B vor. Unendlich viele Punkte

$$P_1, \ P_2, \ P_3, \ P_4, \ldots$$

sind auf dieser Strecke als „weiße Punkte" eingezeichnet, d. h. auf der Strecke zwischen A und B ist eine unendliche Folge sogenannter „weißer Punkte" gegeben. Wenn man dies in einer Skizze darzustellen versucht und hinreichend viele Punkte der Strecke als weiße Punkte färbt, wird man feststellen, dass an mindestens einer Stelle der Strecke sich die weißen Punkte zu einem weißen Fleck häufen (Abb. 7.1). Bolzano versuchte dies mit dem folgenden Argument logisch zu begründen: Wenn C den Mittelpunkt der Strecke darstellt, so müssen sich entweder auf der linken Teilstrecke von A nach C oder auf der rechten Teilstrecke von C nach B oder aber auf beiden Teilstrecken unendlich viele weiße Punkte befinden. (Wären nämlich auf beiden Teilstrecken jeweils nur *endlich* viele weiße Punkte, könnte die gesamte Strecke nicht aus *unendlich* vielen weißen Punkten bestehen.) Eine der beiden Teil- strecken, die unendlich viele weiße Punkte trägt, wird wieder halbiert, dann wieder deren Teil, der sicher unendlich viele weiße Punkte enthält, und diese Halbierung geht ohne Ende so weiter. Mit jeder Halbierung kommen wir aber – so Bolzano – immer näher und näher an eine der Stellen auf der Strecke, wo sich die weißen Punkte mit Sicherheit häufen. Obwohl dieses Argument einleuchtend klingt und in Cantors Mathematik auch inhaltlich voll akzeptiert wird, ist es innerhalb der Mathe- matik Brouwers unhaltbar! Denn Brouwer stellt die folgende listige Frage: *Wie bringen wir nach der Teilung der gegebenen Strecke durch C in Erfahrung, welche der beiden Teilstrecken mit Sicherheit unendlich viele weiße Punkte trägt?*

Es macht nämlich keinen Sinn zu sagen, dass man bloß die weißen Punkte in jeder der beiden Teilstrecken zählen soll. Nur wenn man unerhörtes Glück hat, sind in einer der beiden Teilstrecken nur endlich viele weiße Punkte, so dass man bei ihr mit dem Zählen zu Ende kommt und die andere der beiden Teilstrecken als jene mit unendlich vielen weißen Punkten entlarvt. Im Allgemeinen kommt man aber bei unendlich vielen weißen Punkten mit dem Zählen nie zu Ende. Dies bedeutet, dass man im Allgemeinen im Verlauf des Zählvorgangs der weißen Punkte in den Teil- strecken *nie* die Entscheidung wird fällen können, dass in einer der Teilstrecken tatsächlich unendlich viele weiße Punkte vorliegen. Diese Heimtücke des Unendli- chen bringt Bolzanos Argumentation zu Fall. Brouwer erkennt vielmehr:

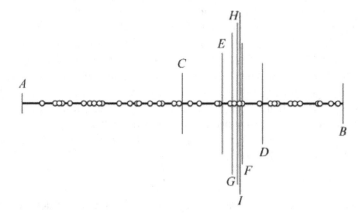

Abb. 7.1 Das Verfahren von Bolzano: Stets wird eines der Intervalle weiter halbiert, in dem sich sicher unendlich viele weiße Punkte befinden. Nach der siebenten Halbierung zeigt das Intervall von H zu I schon sehr genau auf eine Häufungsstelle der weißen Punkte

Trennt man eine unendliche Menge in zwei Teile, kann man nicht davon ausgehen, dass mindestens eine der beiden Teilmengen unendlich bleibt.

Das von Cantor gepflogene lockere Sprechen über Unendliches verstummt vor Brouwers kritischer Analyse. Während Cantor dem Mathematiker in seiner Behandlung des Unendlichen eine Überfülle an Gewissheit und Macht zuerkennen wollte, raubt Brouwer der Mathematik diese Kraft. Er erkennt, dass das Unendliche eine unsere Alltagslogik übersteigende Freiheit der Möglichkeiten in sich birgt. Wir erwähnten bereits, dass sich Hermann Weyl mit Begeisterung den Ideen Brouwers anschloss. Allerdings schien ihm die von Brouwer propagierte Mathematik so sehr mit logischen Fallen und gedanklichen Schwierigkeiten gespickt, dass er bezweifelte, ob je eine haltbare Begründung der sie so wertvoll machenden Theorien, insbesondere eine den strengen Grundsätzen Brouwers gehorchende Begründung der Differenzialrechnung gelingen wird. Dies ist der Grund, warum Brouwer nur ganz wenige Jünger um sich scharen konnte: Die meisten Mathematiker wollten sich ihre schöne Wissenschaft durch ihn nicht verderben lassen. Nolens volens reihte sich zuletzt auch Weyl in die vorherrschende Gruppe der Pragmatiker ein, die, ohne sich den Kopf über die Grundlegung ihrer Disziplin zu zerbrechen, meinen, dass ihr *„Mathematisieren, wie Musizieren, eine schöpferische Tätigkeit des Menschen ist, deren Produkte nicht nur formal, sondern auch inhaltlich durch Entscheidungen der Geschichte bedingt sind und daher vollständiger objektiver Erfassung trotzen."*

Ein Jahr nach Brouwers Tod veröffentlichte der amerikanische Mathematiker Errett Bishop (*1928, †1983) unter dem Titel *Foundations of Constructive Analysis* ein Buch, in dem er den Versuch unternahm, allen Unkenrufen zum Trotz am mathematischen Gebäude all das zu retten, was auf den festen Fundamenten Brouwers gegründet werden kann. Es stellte sich heraus: Dies ist viel mehr, als Brouwer und selbst Weyl zu hoffen wagten. Im Wesentlichen kann er alles im Sinne der intuitionistischen Mathematik genauso gut wie in der Mathematik Cantors herleiten, was die Differenzialrechnung den Naturwissenschaftern, den Ingenieuren und überhaupt all jenen, die Mathematik in sinnvoller Anwendung nutzen wollen, anbietet.

Trotz der hoffnungsvollen Resultate, die Bishop in seinem Werk vorlegte, setzte keineswegs eine Welle der Bekehrung zur konstruktiven Mathematik ein – und dies aus mehreren Gründen.

Erstens ist Brouwers Mathematik nicht die einzige Richtung des Konstruktivismus, die im Gegensatz zu Cantors Mathematik erdacht wurde: Eine Vielzahl verschiedener und zum Teil konkurrierender Vorschläge wurden erstellt, selbst der Konstruktivismus von Bishop stimmt nicht völlig mit dem Intuitionismus Brouwers überein.

Zweitens tritt im weiten Feld der mathematischen Teilgebiete die Sektion der konstruktiven Mathematiker nur als unscheinbar kleines (und untereinander nicht einmal einiges) Grüppchen in Erscheinung. Mathematiker, die sich mit algebraischer Topologie, mit analytischer Zahlentheorie, oder mit numerischen Berechnungsverfahren an Computern beschäftigen, nehmen sie – wenn überhaupt – nur marginal wahr. So sehr haben sich die Disziplinen innerhalb der Mathematik bereits voneinander entfremdet.

Drittens folgt die Schulung der jungen Mathematikstudenten im Wesentlichen einem fest vorgegebenen Programm, das die Studierenden möglichst rasch und unproblematisch an die Spitze der mathematischen Forschung heranführen soll. Hierfür eignet sich die scheinbar naheliegende Mathematik Cantors viel besser als die sich gegen die gewohnte Alltagslogik auflehnende Mathematik Brouwers.

Und *viertens* ist es nicht nur für den Studienbeginner, sondern auch für den ausgebildeten Mathematiker nicht leicht, sich in der eigenartigen Welt des Unendlichen, so wie Brouwer es versteht, zurechtzufinden. Die den meisten Menschen eigene Angst vor dem Neuen besiegt die sich nur leise regende Neugier. Traditionsbewusstsein und die Verheißung des beruflichen Erfolgs in Cantors Paradies lassen sie davor zurückschrecken, die seit Generationen gewohnten Bahnen zu verlassen und sich auf ein schwierigeres Terrain zu begeben. Darum ist nicht zu erwarten, dass selbst nach Bishops bemerkenswerter Leistung in absehbarer Zeit innerhalb der mathematischen Welt eine Umkehr zur intuitionistischen Mathematik Brouwers einsetzen wird.

Wie sich die Mathematik in Zukunft entwickelt, stand im Rahmen unserer Erörterungen auch nicht zur Diskussion. Uns interessierte vor allem, wie im Laufe der Zeit der Begriff des Unendlichen zu fassen versucht wurde: Beginnend mit einem leisen Herantasten bei den griechischen Mathematikern, fortgesetzt mit mystischen Umrahmungen zurzeit der Entdeckung der Differenzialrechnung, kulminierend im scheinbar packenden Zugriff mittels unendlicher Dezimalzahlen, schließlich endend in der Erkenntnis Brouwers, dass ein ernsthaftes Sprechen über Unendliches eine neue Logik und ein umgestülptes Denken erfordern.

Anhang

[1]Die Schreibweise „Pythagor*ä*er" bzw. „pythagor*ä*isch" ist aus dem „a" der letzten Silbe des Pythagor*a*s abgeleitet. Im Unterschied dazu findet man oft die Schreibweise „Pythagor*e*er" bzw. „pythagor*e*isch", hergeleitet aus dem griechischen Eigenschaftswort „pythagóreios". Beide Varianten sind möglich.

[2]Der Name des Pythagoras ist für immer mit dem mathematischen Lehrsatz verbunden, wonach das Quadrat über der Hypotenuse c eines rechtwinkligen Dreiecks zu den beiden Quadraten über den Katheten a und b flächengleich ist:

$$c^2 = a^2 + b^2.$$

In Abb. A.1 ist diese Aussage graphisch dargestellt. Man kann mit einiger Phantasie aus den beigefügten dünnen Linien zugleich die Beweisführung Euklids für diesen Satz entnehmen. Abb. A.2 liefert einen viel durchsichtigeren Beweis dieses Lehrsatzes: Die linke Figur setzt sich aus den beiden Flachen der kleinen Quadrate mit den Seiten a und b sowie den beiden Rechtecksflächen mit a als Länge und b als Breite zusammen. Trennt man beide Rechtecke entlang ihrer Diagonalen c, kann man sie sich so verschoben denken, dass die rechte Figur von Abb. A.2 entsteht. Die Fläche, die vorher die beiden kleinen Quadrate mit Seitenlängen a und b eingenommen haben, wird nun vom Quadrat mit der Diagonalenlänge c ausgefüllt. Darum ist in der Tat

$$a^2 + b^2 = c^2$$

Es gibt noch eine Reihe anderer Beweise für diesen Lehrsatz; keinen dieser Beweise dürfte Pythagoras selbst erdacht haben. Er hat den nach ihm benannten Satz vielmehr mit großer Sicherheit von ägyptischen oder babylonischen Mathematikern übernommen; auch indische Quellen sprechen von einer Entdeckung dieses Satzes. Wie so oft in der Geschichte der Wissenschaft musste der wahre Entdecker einer Erkenntnis hinter einem anderen, der sie nur überlieferte, zurückstehen.

© Springer-Verlag GmbH Deutschland, ein Teil von Springer Nature 2022
R. Taschner, *Das Unendliche*, https://doi.org/10.1007/978-3-662-64544-4

Abb. A.1 Euklids Beweis des pythagoräischen Lehrsatzes: Die beiden grau gerasterten Dreiecke sind flächengleich. Der doppelte Flächeninhalt eines Dreiecks ist das Produkt einer Seite mit dem (Normal)abstand des gegenüberliegenden Eckpunktes von der Seite. Darum gilt $c \cdot p = b^2$. Genauso begründet man $c \cdot q = a^2$. Wegen $c \cdot p + c \cdot q = c^2$ folgt hieraus der Satz des Pythagoras

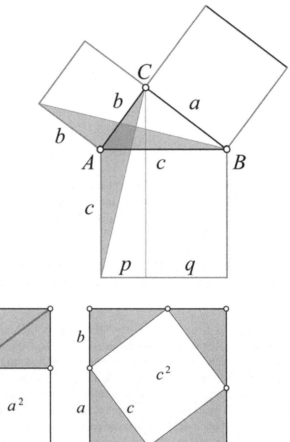

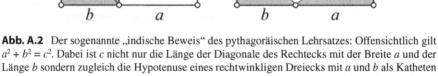

Abb. A.2 Der sogenannte „indische Beweis" des pythagoräischen Lehrsatzes: Offensichtlich gilt $a^2 + b^2 = c^2$. Dabei ist c nicht nur die Länge der Diagonale des Rechtecks mit der Breite a und der Länge b sondern zugleich die Hypotenuse eines rechtwinkligen Dreiecks mit a und b als Katheten

[3]Für das Multiplikationssymbol gibt es mehrere Schreibweisen: Bei reinen Zahlenrechnungen ist das Zeichen „×" vorteilhaft, weil eine Verwechslung mit dem Dezimalpunkt nicht zu befürchten ist. Bei Formeln mit Buchstaben zieht man den Multiplikationspunkt „·" heran, um eine Verwechslung mit dem Buchstaben x zu vermeiden, oder man setzt ohne eigenes Multiplikationszeichen einfach die Buchstaben nebeneinander. Ebenso gibt es bei der Division drei Möglichkeiten der Schreibweisen: $a : b$ oder a/b (die satztechnisch gut in der Zeile liegen) beziehungsweise als Bruch

$$\frac{a}{b},$$

der für den geübten Mathematiker leichter lesbar ist, aber satztechnisch mehr Aufwand bedeutet.

[4]Es ist interessant, die *Länge* der Schneeflockenkurve des Helge von Koch zu berechnen: Aus ihrer Konstruktionsweise ergibt sich, dass nach jedem Schritt die Länge der neuen Seiten nur mehr ein *Drittel* der Länge der alten Seiten beträgt, dafür aber *vier* mal so viele neue Seiten wie alte Seiten vorliegen. Hatte daher das ursprüngliche Dreieck einen bestimmten Umfang u, besitzt der erste Stern den Umfang

$$\frac{4}{3} \cdot u,$$

der nach dem nächsten Konstruktionsschritt gebildete „zackigere" Stern den Umfang

$$\frac{4}{3} \cdot \frac{4}{3} \cdot u = \frac{16}{9} \cdot u,$$

die nach dem nächsten Konstruktionsschritt gebildete „Schneeflocke" den Umfang

$$\frac{4}{3} \cdot \frac{4}{3} \cdot \frac{4}{3} \cdot u = \frac{64}{27} \cdot u.$$

So geht dies ohne Ende weiter: Nach dem n-ten Konstruktionsschritt ist man bereits bei einem Umfang von

$$\left(\frac{4}{3}\right)^n \cdot u$$

angelangt. Beachtet man, dass die einzelnen Faktoren sich als

$$\frac{4}{3} = 1.33333\ldots, \quad \frac{16}{9} = 1.77777\ldots,$$

$$\frac{64}{27} = 2.37037\ldots$$

errechnen, erkennt man: Wurde die Figur nach drei Konstruktionsschritten weiter mit Zacken bereichert, hat sich ihr Umfang bereits mehr als verdoppelt. Dies bedeutet, dass die Umfänge mit wachsender Zunahme der Zacken alle Schranken überspringen, sie explodieren ins Unendliche.

[5]Ob man bei der Herstellung der Mandelbrotfigur einen Punkt schwarz färbt oder nicht, ergibt sich aus der folgenden Anweisung: Man legt in die Ebene ein Koordinatensystem, so dass jeder Punkt P der Ebene durch die Angabe zweier Größen a und b eindeutig fixiert ist (Abb. A.3): a bezeichnet den waagrechten Abstand des Punktes von der senkrechten y-Achse (wobei nach rechts hin a positiv und nach links hin a negativ gemessen wird), b bezeichnet den senkrechten Abstand des Punktes von der waagrechten x-Achse (wobei nach oben hin b positiv und nach unten hin b negativ gemessen wird). Wir schreiben $P = (a, b)$ und nennen a und b

Abb. A.3 Darstellung von
Punkten in einem
Koordinatensystem: In
dieser Skizze ist $P = (3, 4)$.
Für die Eichung wichtig
sind der Ursprung
$0 = (0, 0)$ und die beiden
Einheitspunkte $E = (1, 0)$,
$I = (0, 1)$. Zusätzlich sind
noch zwei wei tere Punkte
$Q = (-4, 2)$ und $R = (-2, -1)$ eingetragen

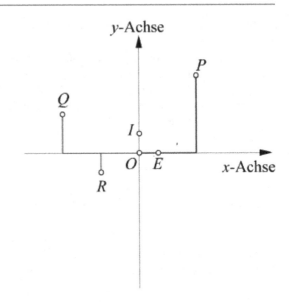

die *Koordinaten* von P in diesem Koordinatensystem. Mit Hilfe des vorgegebenen
Punktes $P = (a, b)$ konstruieren wir eine Folge von Punkten

$$X_0, X_1, X_2, X_3, \ldots, X_n, X_{n+1}, \ldots$$

nach folgender Vorschrift: Zunächst sei

$$X_0 = (0, 0)$$

der Ursprung O des Koordinatensystems. Angenommen, wir haben für einen Index
n bereits

$$X_n = (x_n, y_n)$$

konstruiert, dann erhält man den nächsten Punkt

$$X_{n+1} = (x_{n+1}, y_{n+1})$$

als Ergebnis der Rechnungen

$$x_{n+1} = x_n^2 - y_n^2 + a, \quad y_{n+1} = 2x_n y_n + b.$$

Dies bedeutet ausführlich: Zu Beginn setzt man $X_0 = (x_0, y_0) = O$, d. h.

$$x_0 = 0,$$
$$y_0 = 0.$$

Dann erhält man für $n = 0$ nach der obigen Vorschrift

$$x_1 = x_0^2 - y_0^2 + a =$$
$$= a;$$
$$y_1 = 2x_0 y_0 + b =$$
$$= b,$$

und somit $X_1 = (x_1, y_1) = (a, b) = P$. Weiter erhält man für $n = 1$ nach der obigen Vorschrift

$$x_2 = x_1^2 - y_1^2 + a =$$
$$= a^2 - b^2 + a;$$
$$y_2 = 2x_1 y_1 + b =$$
$$= 2ab + b.$$

Die Koordinaten des dritten Punktes X_3 ergeben sich aus den obigen Werten wieder nach der Vorschrift, jetzt für $n = 2$:

$$x_3 = x_2^2 - y_2^2 + a =$$
$$= \left(a^2 - b^2 + a\right)^2 - \left(2ab + b\right)^2 + a$$
$$= a^4 + b^4 - 6a^2 b^2 + 2a^3 - 6ab^2 + a^2 - b^2 + a,$$
$$y_3 = 2x_2 y_2 + b =$$
$$= 2\left(a^2 - b^2 + a\right)\left(2ab + b\right) + b$$
$$= 4a^3 b - 4ab^3 + 6a^2 b - 2b^3 + 2ab + b.$$

Wenn man mit Bleistift und Papier rechnet, beginnt ab diesem Schritt jede Übersicht zu schwinden. Für eine Rechenmaschine ist es hingegen kein Problem, diese Rechnungen für $n = 3$, $n = 4$, $n = 5$, ... fortzuführen (Abb. A.4).

Die Devise bei der Konstruktion der Mandelbrotfigur lautet nun: Der Punkt P bleibt weiß, wenn sich die Folge der durch ihn gebildeten Punkte

$$X_0, X_1, X_2, X_3, \dots, X_n, X_{n+1}, \dots$$

unbeschränkt vom Ursprung $X_0 = O = (0, 0)$ entfernt. (Dies ist sicher bereits dann der Fall, sobald einer der Punkte X_n mehr als doppelt so weit wie der Punkt $E = (1, 0)$ von O entfernt ist.) Bleibt hingegen die Folge der Punkte

$$X_0, X_1, X_2, X_3, \dots, X_n, X_{n+1}, \dots$$

beschränkt, färbt man den Punkt P schwarz.

Am besten illustriert man diese Anweisung anhand simpler Beispiele: Wenn $P = O = (0, 0)$ ist, d. h. wenn $a = b = 0$ gilt, dann bleiben alle Punkte

$$O = X_0 = X_1 = X_2 = X_3 = \dots X_n = X_{n+1} = \cdots$$

im Ursprung hängen; O muss schwarz gefärbt werden. Wenn hingegen $P = E = (1, 0)$ ist, dann errechnen sich die Punkte X_n als

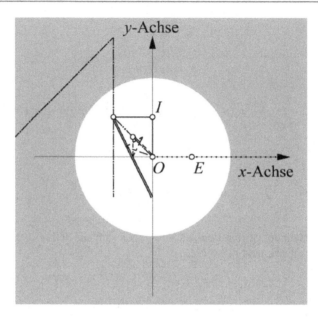

Abb. A.4 Vier Punkte P und die daraus gebildeten Folgen der Xn: Im Falle $P = E = (1, 0)$ explodieren die X, in Richtung der punktierten Linien. Im Falle $P = I = (0, 1)$ verharren die X_n gemäß der Bewegung entlang der durchgezogenen Linien in einem beschränkten Bereich. Im Falle $P = (-1, 1)$ explodieren die X_n in Richtung der strichpunktierten Linien. Im Falle $P = (-0.5, 0.5)$ verharren die X_n gemäß der Bewegung entlang der gestrichelten Linien in einem beschränkten Bereich

$$X_0 = (0, 0), X_1 = (1, 0), X_2 = (2, 0), X_3 = (5, 0),$$
$$X_4 = (26, 0), X_5 = (677, 0), \ldots,$$

d. h. diese Punktfolge explodiert vom Ursprung weg, und darum bleibt E weiß. Eine genaue Analyse der allgemeinen Formeln zeigt, dass die auf der x-Achse liegenden Punkte $P = (a, 0)$ nur für $-2 \leq a \leq 0.25$ schwarz gefärbt werden und der restliche Teil der x-Achse weiß bleibt. Zum Beispiel kommt man beim Punkt $P = (-1, 0)$ auf die Punktefolge

$$X_0 = (0, 0), X_1 = (-1, 0), X_2 = (0, 0),$$
$$X_3 = (-1, 0), X_4 = (0, 0), X_5 = (-1, 0), \ldots,$$

d. h. die Folge springt nur zwischen den Punkten $(0, 0)$ und $(-1, 0)$ hin und her. Betrachten wir das Verhalten der Folge, wenn man von $P = I = (0, 1)$ ausgeht:

$$X_0 = (0, 0), X_1 = (0, 1), X_2 = (-1, 1),$$
$$X_3 = (0, -1), X_4 = (-1, 1), X_5 = (0, -1), \ldots,$$

auch sie springt nach dem Verlassen von O und I zwischen zwei Punkten hin und her. Der Punkt $I = (0, 1)$ ist darum schwarz. Als letzte Beispiele betrachten wir noch den Punkt $P = (-1, 1)$ mit seiner daraus gebildeten Folge

$$X_0 = (0, 0), \; X_1 = (-1, 1), \; X_2 = (-1, -1),$$
$$X_3 = (-1, 3), \; X_4 = (-9, -5), \; X_5 = (55, 91), \; \ldots,$$

die offenkundig von 0 weg explodiert, weshalb dieser Punkt weiß bleibt. Gehen wir vom Punkt $P = (-0{,}5, 0{,}5)$ aus, errechnet sich die von ihm gebildeten Folge als

$$X_0 = (0, 0), \quad X_1 = (-0.5, 0{,}5), \quad X_2 = (-0.5, 0),$$
$$X_3 = (-0.25, 0.5), \quad X_4 = (-0.6875, 0.25),$$
$$X_5 = (-0.08984375, 0.15625), \; \ldots.$$

Sie bleibt jedenfalls nach den ersten fünf Schritten innerhalb des Kreises mit Mittelpunkt O und dem Radius 2 (d. h. der Kreis läuft durch (2, 0)). Man darf darum vermuten, dass dieser Punkt P schwarz zu färben ist.

Am letzten Beispiel erkennen wir, welches Problem sich hinter der Konstruktion der Mandelbrotfigur verbirgt: Die Explosion der Punktefolge von O weg ist im Allgemeinen leicht zu diagnostizieren: Sobald sich ein Punkt der Folge von O weiter als 2 entfernt, kann die Punktefolge nicht mehr beschränkt bleiben. Hingegen ist es im Allgemeinen sehr schwer *definitiv* zu sagen, dass die Punktefolge für *alle unendlich vielen* Indizes n innerhalb des Kreises vom Radius 2 um O verweilt: Hier kann man auch mit dem Computer nur Vermutungen anstellen, die eine Berechnung genügend vieler Folgeglieder bestenfalls erhärtet, jedoch nie sichert.

[6]Bezeichnet $\varphi = d : s$ das Verhältnis von Diagonale zur Seite des Pentagramms, ergibt sich aus den Formeln

$$\varphi = \frac{d}{s} = \frac{d'}{s'}, \frac{d}{d} = \frac{s}{s'}, \; d = s + d', \; s = d' + s'$$

und der Rechnung

$$\frac{1}{\varphi} = \frac{s}{d} = \frac{d - d'}{d} = 1 - \frac{d'}{d} = 1 - \frac{s'}{s} = \frac{s - s'}{s} = \frac{d'}{s} = \frac{s'}{d'}$$

mit den Folgerungen

$$\varphi = \frac{d}{s} = \frac{s}{d'} = \frac{d'}{s'}$$

und

$$\varphi = \frac{s + d'}{s} = 1 + \frac{d'}{s} = 1 + \frac{1}{\varphi}$$

dass dieses Verhältnis f der zauberhaften Formelkette

$$\varphi = 1 + \frac{1}{\varphi} = 1 + \cfrac{1}{1 + \cfrac{1}{\varphi}} = 1 + \cfrac{1}{1 + \cfrac{1}{1 + \cfrac{1}{\varphi}}} = \ldots$$

gehorcht. Dieser „Kettenbruch" kommt nie zu einem Ende. Dies ist letztlich der Grund für die *Irrationalität* von φ, d. h. für die Tatsache, dass φ *kein* Verhältnis ganzer Zahlen sein kann. Anhand des Beispiels

$$917 : 700 = 1 + 217 : 700 = 1 + \cfrac{1}{700 : 217} =$$

$$= 1 + \cfrac{1}{3 + 49 : 217} = 1 + \cfrac{1}{3 + \cfrac{1}{217 : 49}} =$$

$$= 1 + \cfrac{1}{3 + \cfrac{1}{4 + 21 : 49}} = 1 + \cfrac{1}{3 + \cfrac{1}{4 + \cfrac{1}{49 : 21}}} =$$

$$= 1 + \cfrac{1}{3 + \cfrac{1}{4 + \cfrac{1}{2 + 7 : 21}}} = 1 + \cfrac{1}{3 + \cfrac{1}{4 + \cfrac{1}{2 + \cfrac{1}{21 : 7}}}} =$$

$$= 1 + \cfrac{1}{3 + \cfrac{1}{4 + \cfrac{1}{2 + \cfrac{1}{3}}}}$$

sieht man sehr leicht, dass jede „Kettendivision" ganzer Zahlen – in diesem Fall der Zahlen 917 und 700 – irgendwann aufhören muss. Denn nach der ersten Division bleibt der Rest 217, der kleiner als der Nenner 700 ist, nach der zweiten Division bleibt der Rest 49, der kleiner als der Nenner 217 ist, nach der dritten Division bleibt der Rest 21, der kleiner als der Nenner 49 ist, nach der vierten Division bleibt der Rest 7, der kleiner als der Nenner 21 ist, und die letzte Division geht restlos auf. Irgendwann muss eine Kettendivision mit einer letzten restlosen Division enden: Der Rest der vorhergehenden Division ist nämlich der Nenner der nachfolgenden Division, und darum werden die Reste schrittweise kleiner. Weil zwischen erstem Nenner und Null nur *endlich* viele Zahlen als Reste zur Verfügung stehen, ist der Abbruch des Verfahrens garantiert.

[7]Die „regelmäßigen Körper", auch *reguläre Polyeder* genannt, spielen in der Entwicklung der Physik eine gewisse Rolle. Platon stellt sie in seiner Schrift Timaios

in direkten Zusammenhang mit den Elementen, aus denen die Welt besteht. Die Lektüre dieser Schrift hat mehr als 2000 Jahre später den jungen Werner Heisenberg zum Studium der Naturwissenschaften angeregt und war ihm Leitfaden in der Entwicklung der Quantentheorie.

Wie man aus Abb. 2.1 erkennt, sind die regulären Polyeder aus gleichseitigen und gleichwinkligen Dreiecken, Vierecken und Fünfecken aufgebaut. Das gleichseitige Dreieck hat als Innenwinkel 60°. Drei gleichseitige Dreiecke benötigt man mindestens zum Aufbau einer räumlichen Ecke – hieraus entsteht das Tetraeder. Eine aus vier gleichseitigen Dreiecken gebildete räumliche Ecke bildet die Hälfte eines Oktaeders. Eine aus fünf gleichseitigen Dreiecken gebildete räumliche Ecke bildet das Viertel eines Ikosaeders. Sechs gleichseitige Dreiecke aneinandergeheftet bleiben wegen 6 × 60° = 360° in der Ebene liegen. Die Möglichkeiten, aus gleichseitigen Dreiecken räumliche Ecken zu erzeugen, sind somit erschöpft. Das gleichseitige und gleichwinklige Viereck ist das Quadrat, es hat als Innenwinkel 90°. Drei Quadrate benötigt man mindestens zum Aufbau einer räumlichen Ecke – hieraus entsteht die Hälfte eines Würfels. Vier Quadrate aneinandergeheftet bleiben wegen 4 × 90° = 360° in der Ebene liegen – mehr räumliche Ecken kann man mit Quadraten nicht herstellen. Das Pentagramm, das gleichseitige und gleichwinklige Fünfeck, hat als Innenwinkel 108°. Drei Pentagramme benötigt man mindestens zum Aufbau einer räumlichen Ecke – hieraus entsteht das Viertel eines Dodekaeders. Vier Pentagramme aneinandergeheftet überlappen einander wegen 4 × 108° > 360° – mehr räumliche Ecken kann man daher mit Pentagrammen nicht herstellen.

Ein Polyeder ist allgemein ein Körper, der von ebenen Flächen begrenzt wird. Diese Flächen selbst haben gerade Kanten als Ränder und die Kanten beginnen und enden in Ecken. Viele Polyeder gehorchen dem *Polyedersatz* des Leonhard Euler: Die Anzahl e der Ecken zur Anzahl f der Flächen addiert ergibt genau um 2 mehr als die Anzahl k der Kanten:

$$e + f = k + 2.$$

Wie man unschwer bestätigt, gehorchen die regulären Polyeder dem Polyedersatz. Zusätzlich ist bei einem regulären Polyeder jede Flächen von der gleichen Zahl n von Kanten begrenzt, und von jeder Ecke geht die gleiche Zahl m von Kanten aus. Da an jede Kante zwei Flächen aneinanderstossen, gilt $n \cdot f = 2 \cdot k$, denn in $n \cdot f$ werden die Kanten doppelt gezählt.

Da jede Kante von zwei Ecken begrenzt wird, gilt aus demselben Grund $m \cdot e = 2 \cdot k$. Dies in den Polyedersatz eingesetzt führt zu

$$\frac{2k}{m} + \frac{2k}{n} = k + 2,$$

nach Division beider Seiten durch $2k$ zu

$$\frac{1}{m} + \frac{1}{n} = \frac{1}{k} + \frac{1}{2}.$$

Nur sehr wenige Zahlenkombinationen in k, m und n eingesetzt, lösen diese Gleichung: Es sind dies $(k, m, n) = (6, 3, 3)$ für das Tetraeder, $(k, m, n) = (12, 3, 4)$ sowie $(k, m, n) = (12, 4, 3)$ für Würfel und Oktaeder und $(k, m, n) = (30, 3, 5)$ sowie

$(k, m, n) = (30, 5, 3)$ für Dodekaeder und Ikosaeder. Mehr Lösungen gibt es nicht, darum sind dies die einzigen „regelmäßigen Körper".Zwischen Würfel und Oktaeder und zwischen Dodekaeder und Ikosaeder bestehen „reziproke" Beziehungen: Die Flächenmitten eines Würfels sind die Ecken eines Oktaeders und umgekehrt, die Flächenmitten eines Dodekaeders sind die Ecken eines Ikosaeders und umgekehrt. Das Tetraeder ist zu sich selbst reziprok: Seine Flächenmitten sind die Ecken eines kleineren, eingeschriebenen Tetraeders.

[8]Über die Verteilung der Primzahlen herrschen noch viele ungelöste Vermutungen: Man weiß zum Beispiel nicht, ob es unendlich viele Primzahlzwillinge gibt. Es ist zwar bekannt, dass sich ab 7 jede ungerade Zahl als Summe dreier Primzahlen schreiben lässt, z. B.

$$7 = 2 + 2 + 3, 9 = 2 + 2 + 5, 11 = 3 + 3 + 5,$$
$$13 = 3 + 5 + 5 \dots,$$

aber man weiß noch nicht, ob sich ab 4 jede gerade Zahl als Summe zweier Primzahlen schreiben lässt, z. B.

$$4 = 2 + 2, \ 6 = 3 + 3, \ 8 = 3 + 5, \ 10 = 3 + 7,$$
$$12 = 5 + 7, \ \dots$$

Die Zahlen

$$2^{2^0} + 1 = 2^1 + 1 = 3, \ 2^{2^1} + 1 = 2^2 + 1 = 5,$$
$$2^{2^2} + 1 = 2^4 + 1 = 17, \ 2^{2^3} + 1 = 2^8 + 1 = 257,$$
$$2^{2^4} + 1 = 2^{16} + 1 = 65\,537$$

sind lauter Primzahlen. Euler bewies jedoch, dass

$$2^{2^5} + 1 = 2^{32} + 1 = 4\,294\,967\,297 = 641 \times 6\,700\,417$$

keine Primzahl mehr ist. Ob es unter den Zahlen der Form $2^{2^n} + 1$ noch weitere Primzahlen gibt, ist eine offene Frage. Diese Zahlen sind auch von geometrischem Interesse: Gauß (*1777, †1855) bewies, dass die einzigen regelmäßigen Vielecke, die man allein mit Zirkel und Lineal konstruieren kann, jene sind, bei denen die Zahl ihrer Ecken von der Form $2^m \cdot p_1 \cdot \ldots \cdot p_k$ ist. Dabei bezeichnen die $p_1, \ldots, p_k$ verschiedene Primzahlen der obigen Gestalt $2^{2^n} + 1$ (und $m \geq 0$, $k \geq 0$ sind ganze Zahlen). Man kann zum Beispiel mit Zirkel und Lineal ein regelmäßiges 15-Eck oder 60-Eck, nicht aber ein regelmäßiges Siebeneck, Neuneck oder 45-Eck konstruieren.

[9]Noch bedeutender als die Tatsache, dass sich bis auf 1 jede Zahl als Produkt von Primzahlen schreiben lässt, ist die Erkenntnis Euklids, dass diese Produktdarstellung sogar *eindeutig* ist (wenn man von der Reihenfolge der Primfaktoren absieht). Dies ist keineswegs selbstverständlich. So gilt zum Beispiel

$$332\,928 = 2 \times 2 \times 2 \times 2 \times 2 \times 2 \times 2 \times 3 \times 3 \times 17 \times 17,$$

aber

$$332\,929 = 577 \times 577,$$

d. h. diese beiden grundverschiedenen Primfaktorenzerlegungen stellen *fast* die gleiche Zahl $332\,928$ bzw. $332\,929$ dar. Könnte nicht irgendwann der Fall eintreten, dass zwei verschiedene Zerlegungen in Primfaktoren

$$p_1 \cdot p_2 \cdot \ldots \cdot p_K \text{ und } q_1 \cdot q_2 \cdot \ldots \cdot q_L$$

genau ein und dieselbe Zahl n darstellen? Angenommen, dies wäre in der Tat der Fall und n bezeichnete die *kleinste* der Zahlen, die sich auf zwei verschiedene Arten in Primfaktoren zerlegen ließe:

$$n = p_1 \cdot p_2 \cdot \ldots \cdot p_K = q_1 \cdot q_2 \cdot \ldots \cdot q_L.$$

Keine der Primzahlen p_k könnte mit einer der Primzahlen q_l übereinstimmen, denn ein in beiden Zerlegungen vorkommender gemeinsamer Primfaktor ergäbe, durch ihn gekürzt, zwei verschiedene Zerlegungen einer noch kleineren Zahl als n. Da p_1 deshalb von q_1 verschieden ist, können wir von $p_1 < q_1$ ausgehen (im umgekehrten Fall argumentieren wir, die p-s mit den q-s vertauscht, genauso). Die Zahl

$$m = (q_1 - p_1) \cdot q_2 \cdot \ldots \cdot q_L = p_1 \cdot (p_2 \cdot \ldots \cdot p_K - q_2 \cdot \ldots \cdot q_L)$$

ist einerseits *kleiner* als n und hat, wie man der obigen Formel entnimmt, zwei Produktdarstellungen, wobei in der ersten p_1 sicher *keinen* der vorkommenden Faktoren teilt, in der zweiten hingegen als Faktor auftritt. Also hätte auch m sicher mehrere Zerlegungen in Primfaktoren, was der Definition von n als *kleinste* dieser Zahlen widerspricht. Dies belegt Euklids Behauptung, die Zerlegung jeder von 1 verschiedenen Zahl in Primfaktoren ist (abgesehen von der Reihenfolge der Faktoren) eindeutig.

Die Eindeutigkeit der Primfaktorenzerlegung hat entscheidende Konsequenzen. Ein Beispiel soll dies belegen (Abb. A.5): Das Verhältnis $\sqrt{2}$ der Diagonale des Quadrats zu seiner Seitenlänge ergibt mit sich multipliziert 2,

$$\sqrt{2} \times \sqrt{2} = 2.$$

Wenn nämlich a die Länge der Quadratseite und d die Länge der Quadratdiagonale bezeichnen, folgt aus dem Satz des Pythagoras sofort

Abb. A.5 Das Quadrat mit Seitenlange a und Flächeninhalt a^2 besitzt eine Diagonale der Länge d. Das über d errichtete Quadrat hat den doppelt so großen Flächeninhalt $d^2 = 2a^2$

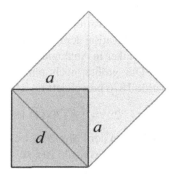

$$a^2 + a^2 = 2 \cdot a^2 = d^2,$$

was nach Division durch a^2 in der Tat

$$2 = \frac{d^2}{a^2} = \left(\frac{d}{a}\right)^2 = \sqrt{2}^2 = \sqrt{2} \times \sqrt{2}$$

beweist. Wäre $\sqrt{2} = m : n$ das Verhältnis zweier ganzer Zahlen m und n, ergäbe sich hieraus

$$2 = \sqrt{2}^2 = \frac{m^2}{n^2}, \qquad 2 \cdot n^2 = m^2.$$

Wir denken uns m und n in Primfaktoren zerlegt. In der Primfaktorenzerlegung von m^2 und n^2 kommen die Primfaktoren von m und n jeweils *doppelt* so oft vor. Der Primfaktor 2 kommt in m^2 insbesondere in einer *geradzahligen* Vielfachheit vor, während er in $2 \cdot n^2$ in einer *ungeradzahligen* Vielfachheit auftritt. Da dies der eben bewiesenen *Eindeutigkeit* der Zerlegung in Primfaktoren widerspricht, kann $\sqrt{2}$ kein Verhältnis ganzer Zahlen sein.

[10]Das Wort „es gibt" verursachte in der gesamten Geschichte der Mathematik reichlich Verwirrung. Auch heute sind sich die Mathematiker nicht über seine Bedeutung einig. Eine sich *Formalisten* nennende Gruppe von Mathematikern gesteht einem mathematischen Objekt bereits dann „Existenz" zu, wenn es sich innerhalb der mathematischen Welt widerspruchsfrei einordnen lässt. Im Gegensatz dazu verbindet die sich *Platonisten* nennende Gruppe von Mathematikern mit der „Existenz" eines mathematischen Objekts die Vorstellung eines effektiven Vorhandenseins dieses Objekts: Wie es Schafe, Rosen und Sterne „gibt", „gibt" es auch unendlich viele Primzahlen; ja in der Sicht dieser Mathematiker ist die „Existenz" der unendlich vielen Primzahlen noch mehr verbürgt als die „Existenz" der uns sinnlich erfahrbaren Welt. Eine dritte Position wird von den sich *Intuitionisten* oder *Konstruktivisten* nennenden Mathematikern eingenommen: Für sie ist die „Existenz" eines mathematischen Objekts bereits dann verbürgt, wenn seine Konstruktion unter Zuhilfenahme der Zahlen 1, 2, 3, 4, . . . gelingt. Die „Existenz" der Zahlen 1, 2, 3, 4, . . . selbst wird als intuitiv gegeben erachtet. Sie existieren in dem Maße, in dem man jedermann erklären kann, wie man mit ihnen rechnet.

Vergleicht man diese Positionen mit den Denkschulen der griechischen Philosophie, kann man in der Position der Formalisten und jener der Sophisten Parallelen sehen, die Position der Platonisten natürlich mit Platon selbst in Verbindung setzen und die Position der Intuitionisten oder Konstruktivisten zur philosophischen Schule der Kyniker in Analogie setzen.

[11]Die größte noch ohne elektronische Rechenmaschine ermittelte Primzahl wurde 1876 berechnet: Es ist dies der Zahlengigant

$$2^{127} - 1 = 170\,141\,183\,460\,469\,231\,731\,687\,303\,715\,884\,105\,727.$$

Die Zahlen der Form $2^p - 1$ erweisen sich zuweilen als Primzahlen (aber nur, wenn auch p eine Primzahl ist), so sind zum Beispiel

$$2^2 - 1 = 3, \quad 2^3 - 1 = 7, \quad 2^5 - 1 = 31, \quad 2^7 - 1 = 127$$

Primzahlen, hingegen ist $2^{11} - 1 = 2047 = 23 \times 89$ keine Primzahl. Auch die größten derzeit bekannten, mit Computern berechneten Primzahlen sind von dieser Gestalt. Zum Beispiel besteht der als Primzahl errechnete Zahlenkoloss

$$2^{25964951} - 1$$

aus 7 816 230 Ziffern; ihn aufzuschreiben erfordert ein mehr als 1500 Seiten dickes Buch!

[12] Für Archimedes war es evident, dass jede vorgegebene positive Größe von einem der Brüche in der Folge

$$\frac{1}{3} = 0.333\ 333\ 333\ldots,$$

$$\frac{1}{12} = \frac{1}{3 \times 4} = 0.083\ 333\ 333\ldots,$$

$$\frac{1}{48} = \frac{1}{3 \times 16} = 0.020\ 833\ 333\ldots,$$

$$\frac{1}{192} = \frac{1}{3 \times 64} = 0.005\ 208\ 333\ldots,$$

$$\frac{1}{768} = \frac{1}{3 \times 256} = 0.001\ 302\ 083\ldots,$$

$$\frac{1}{3072} = \frac{1}{3 \times 1024} = 0.000\ 325\ 520\ldots,$$

$$\ldots$$

unterlaufen wird.

Dies stimmt sicher, wenn man unter „positiven Größen" positive *Dezimalzahlen* versteht: Denn wie klein auch immer eine positive Dezimalzahl sein mag, irgendwann muss in ihr nach endlich vielen Nullen ab dem Dezimalpunkt eine von Null verschiedene Ziffer erscheinen. Bei der oben gegebenen unendlichen Folge von Brüchen nimmt die Anzahl der Nullen nach dem Dezimalpunkt unbeschränkt zu: Jeweils nach höchstens zwei weiteren Brüchen der Folge handelt man sich eine zusätzliche Null nach dem Dezimalpunkt ein. Einmal ist daher ein Bruch aus dieser Folge sicher kleiner als die gegebene positive Dezimalzahl. Stimmt diese Aussage hingegen auch für *geometrische Größen*? Der griechische Mathematiker Eudoxos von Knidos um 400 v. Chr. war davon fest überzeugt, und Archimedes teilte seine Meinung. Heute ist man sich dessen nicht mehr so sicher (vgl. Anmerkung 17 und die von Hilbert vertretene Position der Geometrie als formales Sprachspiel). Ein eigenes Axiom, wonach jede positive geometrische Größe von einem der Brüche aus der unendlichen Folge

$$\frac{1}{2}, \frac{1}{3}, \frac{1}{4}, \ldots, \frac{1}{n}, \frac{1}{n+1}, \ldots$$

unterlaufen wird, dient zur Sicherung der Überzeugung des Archimedes.

[13]Die „unendliche Summe"

$$1 + \frac{1}{4} + \frac{1}{16} + \frac{1}{64} + \cdots$$

ist ein spezielles Beispiel einer sogenannten *geometrischen Reihe*: Allgemein lautet die geometrische Reihe

$$1 + q + q^2 + q^3 + q^4 + \ldots,$$

wobei im obigen Beispiel die Größe q den Wert $q = 1/4$ annimmt. Die Summe s der geometrischen Reihe kann man mit dem folgenden Trick leicht ermitteln: Wenn man die Formel

$$s = 1 + q + q^2 + q^3 + q^4 + \ldots$$

auf beiden Seiten mit q multipliziert, insbesondere auf der rechten Seite jeden einzelnen Summanden mit q multipliziert, erhält man

$$sq = q + q^2 + q^3 + q^4 + q^5 + \ldots.$$

Hieraus ersieht man die Beziehung

$$s = 1 + sq.$$

Nach der Umformung

$$s - sq = s(1 - q) = 1$$

gelangt man im Falle $q \neq 1$ (um nicht Null im Nenner zu bekommen) zur berühmten *Summenformel* der geometrischen Reihe:

$$s = \frac{1}{1-q}.$$

In der Tat erhält man im Spezialfall $q = 1/4$ des Archimedes den von ihm behaupteten Wert

$$s = \frac{1}{1 - \frac{1}{4}} = \frac{4}{3}.$$

Diese Herleitung des Ergebnisses scheint auf den ersten Blick viel einfacher und eleganter als die mühsame Argumentation des Archimedes. Ihr einziger Nachteil ist, dass sie so nicht stimmen kann. Denn für $q = 2$ kommt man zu dem völlig unsinnigen Resultat

$$1 + 2 + 4 + 8 + 16 + 32 + 64 + \ldots = \frac{1}{1-2} = -1.$$

Abb. A.6 Das Sechseck besitzt den gleichen Flächeninhalt wie das Dreieck mit den Ecken A, B und M. Kepler behauptet, dass man dieselbe Beweisführung auch beim Kreis formulieren darf

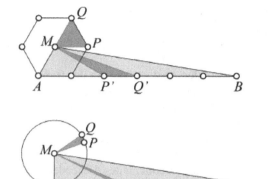

Wo aber steckt der Fehler? In einer falschen Rechnung kann er nicht verborgen sein. Es handelt sich vielmehr darum, dass der sorglose Umgang mit „unendlichen Summen" zu diesem Nonsens führt. Es ist nämlich nicht einmal definiert, was man sich unter einer „unendlichen Summe" vorstellen soll – umso mehr müssen wir den klaren Blick des Archimedes bewundern, der all diesen Problemen auswich.

[14]Wie aus der Abb. A.6 unmittelbar ersichtlich ist, besitzen das Dreieck mit den Ecken P, Q, M und das Dreieck mit den Ecken P', Q', M die gleichen Flächeninhalte, denn die Grundlinien $\overline{PQ}$ und $\overline{P'Q'}$ sind gleich lang und M ist von beiden Grundlinien gleich weit entfernt. Es folgt hieraus für das Sechseck, dass sein Flächeninhalt mit dem Flächeninhalt des Dreiecks mit den Ecken A, B und M übereinstimmt, wobei die von A zu B führende Strecke den *Umfang* des Sechsecks als Länge besitzt.

Johannes Kepler hat die gleiche Überlegung auf den Kreis mit Radius r und Umfang u übertragen: Er fasste den Kreis als „Unendlicheck" auf und formulierte die obige Überlegung für zwei „unmittelbar benachbarte" Punkte P und Q dieses „Unendlichecks". Auf diese Weise gelangte er zur Behauptung, der Flächeninhalt $r^2\pi$ des Kreises stimme mit dem Flächeninhalt $ru/2$ des Dreiecks mit den Ecken A, B und M überein. Die Gleichung

$$\frac{ru}{2} = r^2\pi$$

führt nach Multiplikation beider Seiten mit 2 und Division beider Seiten durch r zur bekannten Formel

$$u = 2r\pi$$

für den Kreisumfang.

Nicht nur Archimedes, alle Mathematiker der Antike hätten die Argumentation Keplers verworfen: Was soll man sich denn unter einem „Unendlicheck" vorstellen? Und noch schwerwiegender: Es gibt auf einem Kreis keine zwei „unmittelbar benachbarten" Punkte P und Q. Entweder stimmt P mit Q überein, dann sind sie gleich und nicht benachbart. Oder P ist von Q verschieden, dann gibt es bereits unendlich viele Punkte auf dem Kreisbogen zwischen ihnen, also sind sie genauso wenig benachbart.

Das Eigenartige aber ist: Trotz all dieser Einwände ist die von Kepler erhaltene Formel $u = 2r\pi$ korrekt!

[15]Ob man den Anstieg $\Delta y : \Delta x$ der Hypotenuse betrachtet oder ob man das reziproke Verhältnis $\Delta x : \Delta y$ ins Auge fasst, ist in Wahrheit reine Konvention. Der Vorteil im Verhältnis $\Delta y : \Delta x$ liegt allein im Sprachlichen begründet: In der Tat ist seine Größe direkt mit dem anschaulichen „Anstieg" der Hypotenuse korreliert, während man für das Verhältnis $\Delta x : \Delta y$ ein Kunstwort wie zum Beispiel „Flachheit" eigens einführen müsste.

[16]Neben dem Paradoxon des fliegenden Pfeils ist Zenons Paradoxon von Achill und der Schildkröte berühmt:

Angenommen, der hundertmal schnellere Achill läuft einer, ursprünglich hundert Meter von ihm entfernten Schildkröte nach und bewältigt diese Strecke in zehn Sekunden, so hat die Schildkröte in dieser Zeit einen Meter zurückgelegt und noch immer einen Vorsprung. Auch wenn Achill diesen Meter in einer Zehntel Sekunde durchläuft, hat die Schildkröte immer noch einen Vorsprung von einem Zentimeter, und selbst nach einer weiteren Tausendstel Sekunde liegt das Tier immer noch einen Zehntel Millimeter voraus. Zenon behauptet: Das langsamste Wesen – die Schildkröte – wird in seinem Lauf niemals von dem schnellsten – Achill – eingeholt, *denn der Verfolger muss immer erst zu dem Punkt gelangen, von dem das fliehende Wesen schon aufgebrochen ist.* Also muss das langsamere Wesen immer einen gewissen Vorsprung haben. Der Hinweis darauf, die sukzessive Addition aller zurückgelegten Wege führe eben zu einer geometrischen Reihe

$$100 + 1 + 0.01 + 0.0001 + \ldots =$$

$$= 100 \times \left(1 + \frac{1}{100} + \left(\frac{1}{100}\right)^2 + \left(\frac{1}{100}\right)^3 + \ldots\right) =$$

$$= 100 \times \frac{1}{1 - \dfrac{1}{100}} = \frac{10\,000}{99} = 101.010101\ldots,$$

die genau die Überholstrecke in Metern in der Überholzeit von

$$10 + \frac{1}{10} + \frac{1}{1000} + \frac{1}{100\,000} + \ldots =$$

$$= 10 \times \left(1 + \frac{1}{100} + \left(\frac{1}{100}\right)^2 + \left(\frac{1}{100}\right)^3 + \ldots\right) =$$

$$= 10 \times \frac{1}{1 - \dfrac{1}{100}} = \frac{1000}{99} = 10.101010\ldots,$$

Sekunden angibt, ist sicher wichtig und erhellt den *mathematischen* Aspekt des Paradoxons. Wir haben bei der Diskussion der Summenformel

$$1 + q + q^2 + q^3 + q^4 + \ldots = \frac{1}{1-q}$$

in Anmerkung 13 jedoch gelernt, dass diese Formel nicht immer stimmt. Der Begriff einer „unendlichen Summe" war sowohl zur Zeit des Archimedes wie auch zur Zeit von Newton und Leibniz noch völlig nebulos.

Daher deckt dieser Hinweis das fehlerhafte *logische* Argument des Zenon gerade *nicht* auf. Die Frage bleibt offen, welcher Trugschluss es ihm überhaupt erst ermöglicht, diese Aporie zu entwickeln, aus der es – folgt man seinem Argument – kein Entrinnen gibt. Aristoteles sieht den logischen Fehler darin, sich die ganze Überholstrecke aus *unendlich* vielen Teilstrecken zusammengesetzt zu denken. Sobald man *das Unendliche als vollendetes Ganzes* zu begreifen versucht, sprengt man den Rahmen der intuitiven Vorstellungskraft und des logischen Denkens.

[17]Als erstes Beispiel betrachten wir einen *Kreis* mit Mittelpunkt $O = (0, 0)$ und Radius r (Abb. A.7): Der Punkt $P = (x, y)$ liegt genau dann auf ihm, wenn (nach dem Satz des Pythagoras) seine Koordinaten der Gleichung

$$x^2 + y^2 = r^2$$

gehorchen. Der benachbarte Punkt $Q = (x + \Delta x, y + \Delta y)$ soll ebenfalls auf dem Kreis liegen:

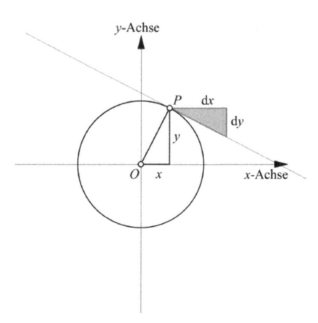

Abb. A.7 Der Kreis mit der Tangente im Punkt $P = (x, y)$. Setzt man willkürlich $dx = y$, folgt aus $dy : dx = -x : y$ die Beziehung $dy = -x$. Die Kreistangente ist im rechten Winkel zum Radius, der den Mittelpunkt mit P verbindet

$$(x + \Delta x)^2 + (y + \Delta y)^2 = x^2 + 2x\,\Delta x + \Delta x^2 + y^2 + 2y\,\Delta y + \Delta y^2 = r^2.$$

Subtrahiert man die obere Gleichung von der unteren, verbleibt

$$2x\,\Delta x + \Delta x^2 + 2y\,\Delta y + \Delta y^2 = 0,$$

woraus man nach dem Zwischenschritt

$$\Delta y \cdot (2y + \Delta y) = -\Delta x \cdot (2x + \Delta x)$$

sofort

$$\frac{\Delta y}{\Delta x} = -\frac{2x + \Delta x}{2y + \Delta y}$$

erhält. In der *rechten* Seite dieser Gleichung kann man (bei $y \neq 0$) ohne weiteres $\Delta x = 0$ und $\Delta y = 0$ setzen: Leibniz findet so den Tangentenanstieg

$$\frac{dy}{dx} = -\frac{x}{y}$$

im Punkt P des Kreises – wie es auch anschaulich nahegelegt wird: Die Tangente ist im rechten Winkel zum Radius, der auf den Punkt weist.

Als zweites Beispiel betrachten wir eine sogenannte *gleichseitige Hyperbel* mit den Koordinatenachsen als *Asymptoten* (Abb. A.8): Der Punkt P = (x, y) liegt genau dann auf ihr, wenn

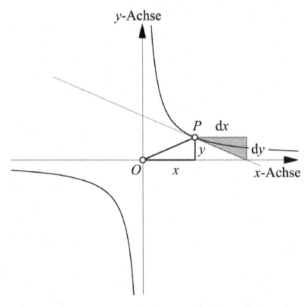

Abb. A.8 Die gleichseitige Hyperbel mit der Tangente im Punkt $P = (x, y)$. Setzt man willkürlich $dx = x$, folgt aus $dy : dx = -y : x$ die Beziehung $dy = -y$. Die Hyperbeltangente schneidet die Koordinatenachsen an den Stellen $(2x, 0)$ und $(0, 2y)$

$$xy = c$$

gilt, wobei c eine positive Konstante darstellt. Wenn der Punkt $Q = (x + \Delta x, y + \Delta y)$ ebenfalls auf der Hyperbel liegt, gehorchen auch seine Koordinaten dieser Gleichung:

$$(x + \Delta x)(y + \Delta y) = xy + x\Delta y + y\Delta x + \Delta x\Delta y = c.$$

Subtrahiert man die obere Gleichung von der unteren, verbleibt

$$x\Delta y + y\Delta x + \Delta x\Delta y = 0,$$

woraus man nach dem Zwischenschritt

$$\Delta y \cdot (x + \Delta x) = -y\Delta x$$

sofort

$$\frac{\Delta y}{\Delta x} = -\frac{y}{x + \Delta x}$$

erhält. In der *rechten* Seite dieser Gleichung kann man (bei $x \neq 0$) ohne weiteres $\Delta x = 0$ setzen: Leibniz findet so den Tangentenanstieg

$$\frac{dy}{dx} = -\frac{y}{x}$$

im Punkt P der gleichseitigen Hyperbel mit den Koordinatenachsen als Asymptoten.

Als drittes Beispiel betrachten wir eine *Parabel* mit $O = (0, 0)$ als Scheitel und der x-Achse als Parabelachse (Abb. A.9): Der Punkt $P = (x, y)$ liegt genau dann auf ihr, wenn

$$y^2 = 2px$$

gilt, wobei p eine positive Konstante darstellt. Wenn der Punkt $Q = (x + \Delta x, y + \Delta y)$ ebenfalls auf der Parabel liegt, gehorchen auch seine Koordinaten dieser Gleichung:

$$(y + \Delta y)^2 = y^2 + 2y\Delta y + \Delta y^2 = 2p(x + \Delta x) = 2px + 2p\Delta x.$$

Subtrahiert man die obere Gleichung von der unteren, verbleibt

$$2y\Delta y + \Delta y^2 = 2p\Delta x,$$

woraus man nach dem Zwischenschritt

$$\Delta y \cdot (2y + \Delta y) = 2p\Delta x$$

sofort

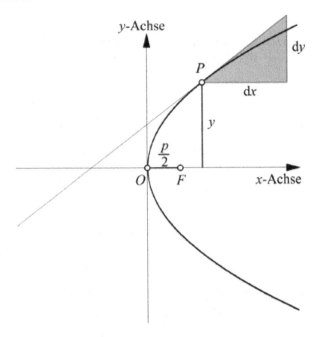

Abb. A.9 Die Parabel mit der Tangente im Punkten $P = (x, y)$. Der Brennpunkt hat die Koordinaten $F = (p/2, 0)$. Setzt man willkürlich $dy = p$, folgt aus $dy : dx = p : y$ die Beziehung $dx = y$

$$\frac{\Delta y}{\Delta x} = \frac{2p}{2y + \Delta y}$$

erhält. In der *rechten* Seite dieser Gleichung kann man (bei $y \neq 0$) ohne weiteres $\Delta y = 0$ setzen: Leibniz findet so den Tangentenanstieg

$$\frac{dy}{dx} = \frac{p}{y}$$

im Punkt P der Parabel.

[18]Im 20. Jahrhundert entdeckte Abraham Robinson (*1918, †1974), dass es in einem System einer sehr formalisierten Mathematik möglich ist, neben den gewohnten Dezimalzahlen auch sogenannte unendlich kleine und unendlich große Zahlen einzuführen und mit ihnen wie gewohnt zu rechnen. (Diese Größen gehorchen nicht dem in der Anmerkung 12 formulierten Axiom des Archimedes.) Damit glaubte er die „unendlich kleinen Dreiecke" von Newton und Leibniz auf eine gesunde Basis stellen zu können. Allerdings ist es mehr als zweifelhaft, ob seine Theorie die intuitiven Gedanken von Leibniz und Newton treu wiederzugeben vermag: Keiner von beiden hätte sich in dem hohen Abstraktionsniveau jener formalen Mathematik zurechtgefunden, das Robinson erklimmen muss, um sein Rechnen mit den unendlich kleinen und den unendlich großen Zahlen rechtfertigen zu können.

[19]Die im Text präsentierte Berechnung von $\sqrt{2}$ ist zwar korrekt, jedoch erbärmlich langsam. Eine bessere Idee zur Berechnung von $\sqrt{2}$ geht von folgendem Gedanken aus: Angenommen, man hat bereits eine Näherung a an $\sqrt{2}$ gefunden. Es sei dann $b = 2/a$. Offenbar gilt $ab = 2$. Wenn a etwas kleiner als der wahre Wert $\sqrt{2}$ ist, muss die Näherung b darum etwas größer als der wahre Wert $\sqrt{2}$ sein. Wenn umgekehrt a etwas größer als der wahre Wert $\sqrt{2}$ ist, muss die Näherung b etwas kleiner als der wahre Wert $\sqrt{2}$ sein. Es liegt folglich nahe, das arithmetische Mittel dieser beiden Näherungen

$$a' = \frac{a+b}{2}$$

als nächstbessere Näherung an $\sqrt{2}$ zu berechnen und diesem a' in gleicher Weise wie oben die Näherung $b' = 2/a'$ zuzuordnen. Sodann fährt man mit

$$a'' = \frac{a'+b'}{2}$$

und $b'' = 2/a''$ fort und gelangt zu immer genaueren Näherungen an $\sqrt{2}$.

Um dies anhand konkreter Zahlen zu illustrieren, gehen wir von der Näherung $a = 1.5 = 3/2$ an $\sqrt{2}$ aus: Wir betrachten daher

$$a = \frac{3}{2} = 1.500\,000\,000\ldots,$$

$$b = \frac{2}{3/2} = \frac{4}{3} = 1.333\,333\,333\ldots$$

und berechnen das arithmetische Mittel sowie 2 durch diesen Wert dividiert:

$$a' = \frac{3/2 + 4/3}{2} = \frac{17}{12} = 1.416\,666\,666\ldots,$$

$$b' = \frac{2}{17/12} = \frac{24}{17} = 1.411\,764\,705\ldots.$$

Im nächsten Schritt bekommen wir:

$$a'' = \frac{17/12 + 24/17}{2} = \frac{577}{408} = 1.414\,215\,686\ldots,$$

$$b'' = \frac{2}{577/408} = \frac{816}{577} = 1.414\,211\,438\ldots.$$

Im dritten Schritt

$$a'' = \frac{577/408 + 816/577}{2} = \frac{665\,857}{470\,832} = 1.414\,215\,562\ldots,$$

$$b'' = \frac{2}{665\,857/470\,832} = \frac{941\,664}{665\,857} = 1.414\,213\,562\ldots$$

stimmen die obere und die untere Näherung an $\sqrt{2}$ bereits in neun Stellen nach dem Dezimalpunkt überein. Nach so wenigen Rechenschritten wurde $\sqrt{2}$ schon außerordentlich genau ermittelt.

Es ist nicht uninteressant, dass dieses bemerkenswert effektive Verfahren zur Berechnung von Wurzeln babylonische Mathematiker lange vor der Blütezeit der antiken griechischen Mathematik erfanden. Newton hat es mit den Methoden der Differentialrechnung wieder entdeckt und zur Lösung einer Reihe anderer Gleichungen verallgemeinert.

[20]Unter den vielen „Paradoxien des Unendlichen" zählt jene zu den bekanntesten, die von *Hilberts Hotel* erzählt:

Hilbert argumentiert, dass ein Hotel mit unendlich vielen Zimmern nie völlig belegt sein kann: Angenommen, es seien alle Zimmer des Hotels mit Gästen belegt und ein neuer Gast möchte einquartiert werden. Die Hoteldirektion bittet dann den Gast von Zimmer 1 in Zimmer 2 zu wechseln, den Gast von Zimmer 2 in Zimmer 3 zu wechseln, den Gast von Zimmer 3 in Zimmer 4 zu wechseln, und so weiter. Nachdem dies erfolgt ist, haben alle bisherigen Gäste die Zimmer mit der nächstgrößeren Nummer eingenommen und für den neuen Gast ist Zimmer 1 frei geworden.

Noch paradoxer wird die Angelegenheit, wenn Gäste nicht nur kommen, sondern auch gehen, gleichsam: wenn man Hilberts Hotel zu *Hilberts Stundenhotel* variiert:

Wir nummerieren die eintreffenden Gäste der Reihe nach mit 1, 2, 3, 4, ... Alle Gäste bleiben jeweils nur eine Stunde in Hilberts Etablissement (mit seinen unendlich vielen Zimmern). Zu Beginn der ersten Stunde kommt Gast 1. Zu Beginn der zweiten Stunde kommen die Gäste 2 und 3, während Gast 1 geht. Zu Beginn der dritten Stunde kommen die Gäste 4, 5, 6, während die Gäste 2 und 3 gehen. Zu Beginn der fünften Stunde kommen die Gäste 7, 8, 9, 10, während die Gäste 4, 5, 6 gehen. Zu Beginn jeder Stunde kommen jeweils um einen Gast mehr neue Gäste als Gäste dieses Hotel verlassen. Ist dieses Hotel nach unendlich vielen Stunden belegt?

Einerseits kann man argumentieren, dass es belegt ist: Denn mit jeder Stunde kommen mehr Gäste als gingen, so dass schlussendlich *unendlich* viele Gäste im Hotel logieren sollten.

Andererseits kann man argumentieren, dass es sich *geleert* hat: Denn *alle* der unendlich vielen Gäste haben das Hotel bereits verlassen!

[21]Die gewaltigen Unendlichkeiten, welche Cantor zu entdecken meinte, gingen aus seinem *Mengen*begriff hervor:

Betrachten wir als Beispiel die Menge

$$x = \{1, 2, 3\}$$

die die ersten drei Zahlen 1, 2, 3 als ihre *Elemente* enthält. Unter einer *Teilmenge* von x versteht man bekanntlich eine Menge y, die nur Elemente enthalten darf, die auch Elemente von x sind. Als mögliche Teilmengen von x kommen im obigen Beispiel die einelementigen Mengen

$$y_1 = \{1\}, \, y_2 = \{2\}, \, y_3 = \{3\},$$

die zweielementigen Mengen

$$y_4 = \{1, 2\}, \, y_5 = \{1, 3\}, \, y_6 = \{2, 3\}$$

und als sogenannte uneigentliche Teilmengen die *leere Menge*

$$y_0 = \{ \, \} = \emptyset,$$

die kein einziges Element enthält, sowie die Menge selbst

$$y_7 = \{1, 2, 3\} = x$$

in Frage. Wie man sieht, hat die Menge x, welche aus 3 Elementen besteht, genau $2^3 = 8$ mögliche Teilmengen y. Die Menge z aller Teilmengen von x heißt die *Potenzmenge* von x. Man überlegt sich ziemlich schnell, dass eine *endliche* Menge x, bestehend aus n Elementen, eine Potenzmenge z besitzt, die aus 2^n Elementen, nämlich den 2^n möglichen Teilmengen von x, besteht. Weil stets $2^n > n$ zutrifft, hat die Potenzmenge einer endlichen Menge immer mehr Elemente als die Menge selbst.

Diese letzte Aussage stimmt ganz allgemein: Es sei x eine beliebige Menge, z die Potenzmenge von x, d. h. die Elemente y von z sind die Teilmengen von x. Wir wollen annehmen, es sei auf irgendeine Art gelungen, jedem Element t von x eine Teilmenge $y = y_t$ von x zuzuordnen. In einem gewissen Sinn könnte man von einer *Nummerierung* der Teilmengen y von x durch die Elemente t von x sprechen. Wir behaupten, dass – wie geschickt man auch die „Nummerierung" zu bewerkstelligen versucht – *nie alle* Teilmengen y von x erfasst werden. Der Beweis ist sehr kurz:

Es sei eine „Nummerierung" von Teilmengen y von x als $y = y_t$ mit Elementen t von x gegeben. Wir bilden die Teilmenge y^*, welche alle t aus x enthält, die *nicht* in den nach ihnen „nummerierten" Teilmengen y_t vorkommen,
d. h.

$$y^* = \{t \in x : t \notin y_t\}.$$

Hätte diese Teilmenge y^* eine Nummer t^*, d. h. wäre $y^* = y_{t^*}$, dann müsste man einerseits aus $t^* \in y^* = y_{t^*}$ nach Definition von y^* sofort $t^* \notin y_{t^*} = y^*$, andererseits aus $t^* \notin y_{t^*} = y^*$ ebenfalls nach Definition von y^* sofort $t^* \in y^* = y_{t^*}$ folgern. Beide Möglichkeiten führen auf einen Widerspruch, und darum kann es eine derartige „Nummer" t^* für y^* nicht geben.

„Nummeriert" man die Teilmengen y einer Menge x mit den Elementen von x, gibt es immer eine Teilmenge y, die von dieser „Nummerierung" nicht erfasst wird.

In diesem Sinne enthält die Potenzmenge z einer Menge x stets *mehr* Elemente als die Menge x selbst. Dies brachte die Mengenlehre Cantors in arge Probleme: Denn die „Allmenge", die überhaupt alle denkbaren Objekte enthält, kann unmöglich „kleiner" als ihre Potenzmenge sein!

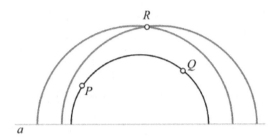

Abb. A.10 Die poincarésche Halbebene ist die Halbebene oberhalb der Achse *a*. Durch zwei „Punkte" *P* und *Q* verläuft genau eine „Gerade", nämlich der Halbkreis durch *P* und *Q*. Durch einen dritten „Punkt" *R* gibt es hingegen mehrere parallele „Gerade", nämlich die Halbkreise durch *R*, welche mit der „Geraden" durch *P* und *Q* keinen gemeinsamen „Punkt" haben

Auf der anderen Seite erlaubte die Bildung der Potenzmenge einer unendlichen Menge die Erzeugung einer Menge, die noch mehr Elemente in sich trägt, als die vorgegebene unendliche Menge selbst. Auch von dieser Potenzmenge kann man wieder die Potenzmenge bilden, von dieser wieder, und dies beliebig oft. Mit dieser Methode glaubte Cantor gigantische Kaskaden von Unendlichkeiten entdeckt zu haben.

[22]Ein Beispiel einer ebenen „Geometrie", in der das Parallelenaxiom des Euklid *nicht* stimmt, entwarf Poincaré: In seinem geometrischen Sprachspiel ist die von einer waagrechten Achse *a* begrenzte obere Halbebene die „Ebene", in der sich das geometrische Geschehen abspielt (Abb. A.10). Die „Punkte" der „Geometrie" Poincarés sind die Punkte dieser oberen Halbebene und die „Geraden" der „Geometrie" Poincarés sind diejenigen Halbkreise in der oberen Halbebene, deren Mittelpunkte auf der Achse *a* ruhen (wobei auch die senkrecht zur Achse verlaufenden geradlinigen Strahlen gleichsam als „Ehrenbürger" unter den „Geraden" aufgenommen werden). Poincaré konnte beweisen, dass in dem Sprachspiel dieser „Geometrie" alle Axiome Euklids außer dem Parallelenaxiom zutreffen: Zum Beispiel kann man durch je zwei voneinander verschiedene „Punkte" genau eine „Gerade" (d. h. genau einen Halbkreis mit dem Mittelpunkt auf der Achse *a*) legen. Jedoch gibt es zu einer gegebenen „Geraden" und einem nicht auf ihr liegenden „Punkt" eine ganze Fülle von „Geraden" durch diesen „Punkt", die mit der gegebenen „Geraden" keinen „Punkt" gemeinsam haben – Euklids Parallelenaxiom ist in diesem geometrischen Sprachspiel rundweg falsch!

Gegen Poincarés Halbebene könnte man einwenden, dass in ihr das naturgegebene Bild dessen, was wir uns unter einer „Ebene" oder einer „Geraden" vorstellen, sträflich verzerrt wurde. Allerdings steht dieser Einwand auf tönernen Füßen. Kant glaubte noch an den von Euklids Axiomen errichteten *naturgegebenen* Raum als schlichte Bedingung dafür, dass wir geometrisch zu denken vermögen. Die Allgemeine Relativitätstheorie Einsteins zerbrach das Apriori der euklidischen Geometrie in der uns umgebenden Welt. Die „mathematische Analyse des Raumproblems" erwies sich nach Einsteins umwälzenden Entdeckungen als viel komplexer, als es die Erkenntnistheorie Kants erahnte. In einer Vorlesungsreihe unter dem oben genannten Titel hatte sich unübertroffen Hermann Weyl mit dieser Problematik auseinandergesetzt.

[23]Neben der Widerspruchsfreiheit und der Vollständigkeit besteht noch eine dritte Forderung, will man ein sinnvolles Axiomensystem erstellen: Das Axiomensystem soll aus voneinander *unabhängigen* Axiomen bestehen. Damit meint man, dass jedes Axiom, welches man aus den übrigen Axiomen des Systems bereits als Satz herleiten kann, aus der Liste der Axiome zu streichen ist. Es hätte zum Beispiel keinen Sinn, den Satz von Thales in die Liste der geometrischen Axiome Euklids aufzunehmen, denn dieser Satz ist ohnehin aus den bereits bekannten Axiomen Euklids beweisbar. Umgekehrt haben sich seit Euklid Generationen von Mathematikern darum bemüht, entweder zu beweisen, dass das Parallelenaxiom des Euklid in Wahrheit aus den übrigen euklidischen Axiomen folgt (und Euklids Axiomensystems deshalb *nicht* unabhängig ist), oder aber die Unabhängigkeit des euklidischen Parallelenaxioms von den anderen euklidischen Axiomen zu belegen. Erst Gauß ist zu Beginn des 19. Jahrhunderts das zweitgenannte gelungen.

[24]In der formalisierten Mathematik wird zuerst die Umgangssprache auf wenige Worte reduziert. Diese Worte sind:

$$\text{"}(\dots) \text{ und } (\dots)\text{"},\text{"}(\dots) \text{ oder } (\dots)\text{"}$$

$$\text{"}\text{nicht } (\dots)\text{"},\text{"}\text{für alle . gilt } (\dots)\text{"},$$

$$\text{"}\text{es gibt ein . mit } (\dots)\text{"}.$$

Dabei stehen die drei Punkte . . . für irgendwelche mathematischen Aussagen und der eine Punkt . für irgendwelche mathematischen Objekte, wobei Zermelo statt „mathematisches Objekt" das Wort „Menge" verwendet. Hatte Cantor noch unter einer *Menge* intuitiv die *Zusammenfassung von Gegenständen unseres Denkens zu einem Ganzen* verstanden, ist im formalisierten Axiomensystem Zermelos *Menge* nichts anderes als eine inhaltlich nichtssagende Worthülse. Unter den mathematischen Aussagen ist die mit dem Zeichen $\in$ gebildete Zeichenkombination

$$x \in y,$$

in der x und y für „Mengen" stehen, diejenige „Aussage", mit der unter Verwendung der obigen sprachlichen Kürzel alle weiteren „Aussagen" gebildet werden. Cantor verband mit $x \in y$ noch die Erkenntnis, dass x in der Menge y als Element enthalten ist – bei Zermelo handelt es sich um eine von jeder anschaulichen Vorstellung befreite inhaltsleere, formale Beziehung zwischen den „Mengen" x und y.

Einfache Beispiele zeigen, wie „Aussagen" entstehen: Neben der „Aussage" $x \in y$ kann man die „Aussage"

$$\text{nicht}\left(x \in y \right)$$

bilden, welche man einfach durch $x \notin y$ abkürzt. Für die etwas komplexere „Aussage"

$$\text{für alle } z \text{ gilt } \left(\left(z \notin x \right) \text{ oder } \left(z \in y \right) \right)$$

schreibt man $x \subset y$. Cantor verband darin die inhaltliche Vorstellung, dass x eine *Teilmenge* von y ist, denn für jedes Element z von x ist $z \notin x$ falsch, daher muss es aufgrund der obigen „Aussage" die Beziehung $z \in y$ erfüllen. Zermelo verbietet nicht, solche anschaulichen Vorstellungen in seinem formalen System mitzuschleppen, notwendig sind sie nicht. Die formal schon recht komplexe „Aussage"

$$\left(x \subset y\right) \text{ und } \left(y \subset x\right)$$

ist für Zermelo die *Definition* der Gleichheit $x = y$. Es ist interessant festzustellen, dass in Zermelos formalem System die Gleichheit von zwei „Mengen" nicht intuitiv als selbstverständlich betrachtet wird, sondern die Abkürzung einer komplexen formalen „Aussage" ist. Dass stets $x = x$ gilt, ist im formalen System Zermelos ein *beweisbarer mathematischer Satz.* Als erstes Axiom Zermelos fordern wir, dass die „Aussage"

$$\left(x = y\right) \text{ und } \left(x \in z\right)$$

durch die „Aussage"

$$y \in z$$

ersetzt werden kann. Dieses Axiom besagt anschaulich, dass gleiche „Mengen" Elemente derselben „Menge" sind – eigentlich eine Selbstverständlichkeit, die aber im formalen Axiomensystem erwähnt werden muss.

Die weiteren Axiome Zermelos dienen dazu, die *Existenz* von „Mengen" zu garantieren. Zum Beispiel wird die Existenz einer *leeren Menge* $\emptyset$ verlangt, wobei die „Aussage"

$$x \in \emptyset$$

zur „Aussage"

$$\text{nicht}\left(x = x\right)$$

gleichbedeutend ist. Da die zweitgenannte Aussage für keine „Menge" zutrifft, enthält die leere Menge – wie der Name sagt – nichts. Ist x eine „Menge", verlangt Zermelo in einem weiteren Axiom die Existenz der *einpunktigen Menge* $\{x\}$, wobei die „Aussage"

$$y \in \left\{x\right\}$$

zur „Aussage"

$$y = x$$

gleichbedeutend ist. Sind schließlich x und y zwei „Mengen", verlangt Zermelo in einem nächsten Axiom die Existenz der *Vereinigungsmenge* $x \cup y$, wobei die „Aussage"

$$z \in x \cup y$$

zur „Aussage"

$$\left(z \in x\right) \text{ oder } \left(z \in y\right)$$

gleichbedeutend ist.

Mit den bisher genannten Axiomen ist die Bildung der folgenden „Mengen" gestattet:

$$1 = \emptyset \cup \left\{\emptyset\right\}, 2 = 1 \cup \left\{1\right\}, 3 = 2 \cup \left\{2\right\},$$
$$4 = 3 \cup \left\{3\right\}, \dots.$$

Aus diese Weise gelingt es, jede der Zahlen 1, 2, 3, 4, . . . als eine „Menge" im formalen System Zermelos zu interpretieren.neben den bisher genannten Axiomen formulierte Zermelo eine Reihe von weiteren Axiomen, um die ganze Theorie der unendlichen Dezimalzahlen in das formale System der „Mengen" integrieren zu können. Eines der beiden heikelsten unter ihnen ist das *Unendlichkeitsaxiom*, das die Existenz einer *unendlichen Menge u* verlangt, für die einerseits

$$\emptyset \in u$$

und andererseits

$$\left(x \notin u\right) \text{ oder } \left(x \cup \left\{x\right\} \in u\right)$$

zutrifft. Das andere ist das *Potenzmengenaxiom*: Wenn x eine „Menge" bezeichnet, dann gibt es eine *Potenzmenge* 2^x, wobei die „Aussage"

$$y \in 2^x$$

zur „Aussage"

$$y \subset x$$

gleich bedeutend ist. Diese beiden Axiome zusammengenommen erlauben, Kaskaden immer gewaltiger werdender Unendlichkeiten zu konstruieren: Wenn u eine unendliche „Menge" bezeichnet, kann man der Reihe nach die „Mengen"

$$u_1 = 2^u, \quad u_2 = 2^{u_1}, \quad u_3 = 2^{u_2}, \quad u_4 = 2^{u_3}, \quad \dots$$

bilden. Cantor bewies bereits in seiner intuitiven Mengenlehre, dass jede Menge „mehr" Teilmengen als Elemente besitzt. Zermelo konnte diesen Nachweis ohne weiteres auf seine formale „Mengen"lehre übertragen und bastelte sich so das Cantorsche Universum gigantischer Unendlichkeiten axiomatisch zurecht.

Naiverweise könnte man fragen, warum man die Axiome Zermelos überhaupt braucht. Wäre es nicht denkbar, dass man zu *jeder* „Aussage" $A(x)$, in der die „Menge" x vorkommt, eben jene „Menge" y konstruiert, für die $x \in y$ genau dann zutrifft, wenn $A(x)$ stimmt. Diese Hoffnung hat vor Zermelo noch Gottlob Frege (*1848, †1925) gehegt und geglaubt, damit die gesamte Mathematik auf die Theorie der Aussagen, d. h. auf die Logik zurückführen zu können. Bertrand Russell (*1872, †1970) zeigte jedoch, dass der simple logizistische Ansatz Freges nicht haltbar ist: Er betrachtet jenes r, für das

$$x \in r$$

dann und nur dann gilt, wenn die „Aussage"

$$x \notin x$$

zutrifft. Dieses so definierte r kann aber keine „Menge" sein: Denn im Falle $x = r$ wäre die „Aussage" $r \in r$ genau dann gültig, wenn $r \notin r$ zutrifft – eine logische Aporie. Russell kleidete sein Beispiel in die folgende Geschichte: Liest man $x \in y$ als „ x wird von y rasiert", so ist r für Russell der Barbier eines Dorfes, der alle jene rasiert, die sich nicht selbst rasieren. Was aber, so fragt Russell, macht dieser Barbier mit seinem eigenen Bart?

[25]Der Unvollständigkeitssatz Gödels in seiner ursprünglichen Version besagt nicht nur, dass jedes formale Axiomensystem, das die Arithmetik der ganzen Zahlen beschreiben kann und widerspruchsfrei ist, nie vollständig sein kann, sondern er präzisiert sogar diese Unvollständigkeit: Die Aussage, *das formale Axiomensystem ist widerspruchsfrei,* konnte Gödel in eine innerhalb des Systems formulierbare Aussage übersetzen und zugleich nachweisen, dass gerade für diese Aussage das Axiomensystem keinen Beweis zu liefern imstande ist. Insofern ist der Zusammenbruch von Hilberts Programm noch dramatischer: Es besteht keine Chance, zum Beispiel innerhalb der Mathematik, die auf den Axiomen Zermelos ruht, den formalen Nachweis zu führen, dass das Axiomensystem Zermelos widerspruchsfrei ist.

[26]Bourbaki nennt sein Buch *Eléments de Mathématique* und nicht, wie man es im Französischen eigentlich erwarten würde, „Eléments des Mathématiques". Die Bevorzugung des ungewohnten Singulars belegt die Auffassung Bourbakis, dass die gesamte Mathematik einer einzigen Quelle – dem formalen Axiomensystem Zermelos – entspringt und nur in eine einzige Richtung – jene der formalen deduktiven Methode – voranzutreiben ist.

[27]Die ungewohnte Denkweise Brouwers über das Unendliche ist nicht allein hinderlich; sie verhilft manchmal auch zu neuen überraschenden Einsichten: In der Mathematik Cantors ist es zum Beispiel kein Problem, die unendlichen Dezimalzahlen α ihrem Vorzeichen nach einzuteilen: Man schreibt $\operatorname{sgn}(\alpha) = +1$, wenn a eine positive unendliche Dezimalzahl ist, $\operatorname{sgn}(\alpha) = -1$, wenn α eine negative unendliche Dezimalzahl ist, und man setzt $\operatorname{sgn}(\alpha) = 0$, wenn $\alpha = 0$ gilt. Zeichnet man die Punkte $(x, \operatorname{sgn}(x))$ in ein Koordinatensystem ein, erhält man zwei Halbgeraden zusammen mit dem Punkt $O = (0, 0)$, die eben an dieser Stelle O einen „Sprung" aufweisen (Abb. A.11). Dies ist der Grund, warum man

$$y = \operatorname{sgn}(x) = \begin{cases} +1, & \text{wenn } x > 0, \\ 0, & \text{wenn } x = 0, \\ -1, & \text{wenn } x < 0 \end{cases}$$

eine *unstetige* Abbildung nennt. In der Mathematik Brouwers ist die Situation grundlegend anders: Von einer unendlichen Dezimalzahl ψ kann man im Allgemeinen nie behaupten, dass sie entweder von Null verschieden ist oder mit Null übereinstimmt. Darum kann man in der Mathematik Brouwers nie $\operatorname{sgn}(\psi)$ von allen unendlichen Dezimalzahlen ψ berechnen. *Unstetige* Abbildungen $y = f(x)$ sind in der

Abb. A.11 Die Abbildung $y = \text{sgn}(x)$ ist in der cantorschen Mathematik für alle unendlichen Dezimalzahlen x definiert. In der Mathematik Brouwers ist sie hingegen nur für alle unendlichen Dezimalzahlen x definiert, die entweder von Null verschieden sind oder mit Null übereinstimmen – und dies sind nicht alle Punkte auf der x-Achse!

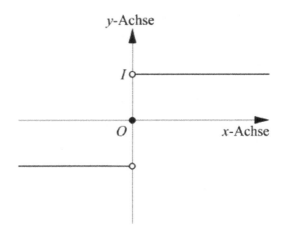

Mathematik Brouwers nur dann vorstellbar, wenn man sie *nicht für alle* unendlichen Dezimalzahlen x definiert. Abbildungen $y = f(x)$ in denen man für x beliebige unendliche Dezimalzahlen einsetzen kann, besitzen in Brouwers Mathematik sicher keine Sprünge – ganz im Einklang zum leibnizschen Prinzip des *natura non facit saltus*.

Printed in the United States
by Baker & Taylor Publisher Services